ENCICLOPEDIA ILUSTRADA DE CIENCIA Y NATURALEZA

La estructura de la materia

TIME LIFE
ALEXANDRIA, VIRGINIA

Í N D I C E

4 La química de los alimentos 78

5 La ingeniería como una forma de vida 102

6 Explorando nuevos materiales 128

1
El mundo de la materia

El estudio de la química supone asomarse al fondo del mundo de la materia, en el que los átomos, unidos y por separado, hacen y deshacen sus enlaces. La química trata sobre los elementos, cada uno de ellos compuesto por una sola clase de átomos. Éstos interaccionan continuamente entre sí, liberando o capturando electrones, neutrones y protones, las partículas de las que están formados.

Una de las mejores herramientas de la química es la tabla periódica, relación de todos los elementos conocidos, agrupados como metales, metaloides (o semimetales) y no metales; la excepción es el hidrógeno, que pertenece a dos grupos. La tabla periódica muestra el número atómico, que es la cantidad de protones que tiene el núcleo del átomo de un elemento. Los átomos de un elemento siempre poseen el mismo número de protones, pero el número de neutrones en el núcleo puede variar. Los átomos que difieren en este aspecto se denominan isótopos, y abundan en el universo. Los átomos también pueden ser despojados de los electrones —partículas casi sin masa y cargadas negativamente que se hallan en la órbita del núcleo—, y entonces decimos que están ionizados.

De todos los elementos, el carbono es uno de los más importantes, y esencial para la vida en la Tierra. Las combinaciones de elementos o compuestos que no contienen carbono son denominadas inorgánicas. Todos los compuestos que contienen carbono son llamados orgánicos, y examinarlos significa explorar la verdadera esencia de la vida. Este capítulo ofrece una visión de los elementos y de cómo interaccionan entre sí.

Peldaños en espiral de la doble cadena de ADN (o DNA), molécula que contiene la información genética esencial para la vida. Cada molécula está compuesta de átomos *(bolas azules)*, los cuales están formados por partículas subatómicas más pequeñas en movimiento, tal como se muestra en la ampliación de la derecha.

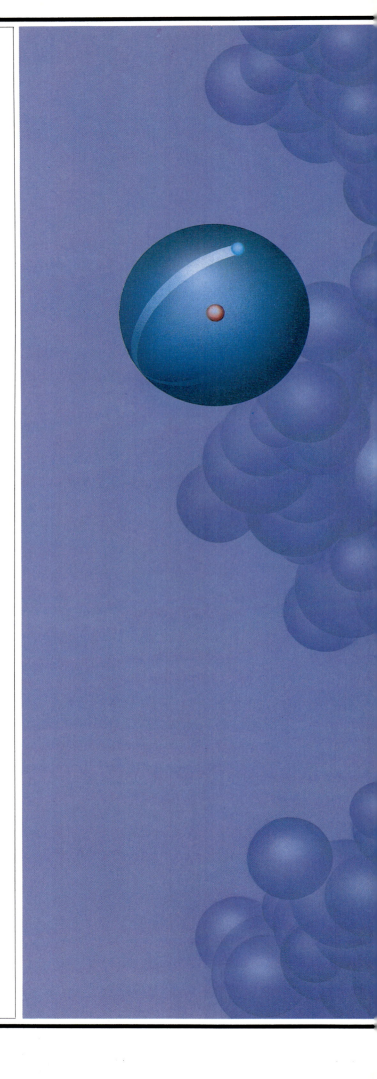

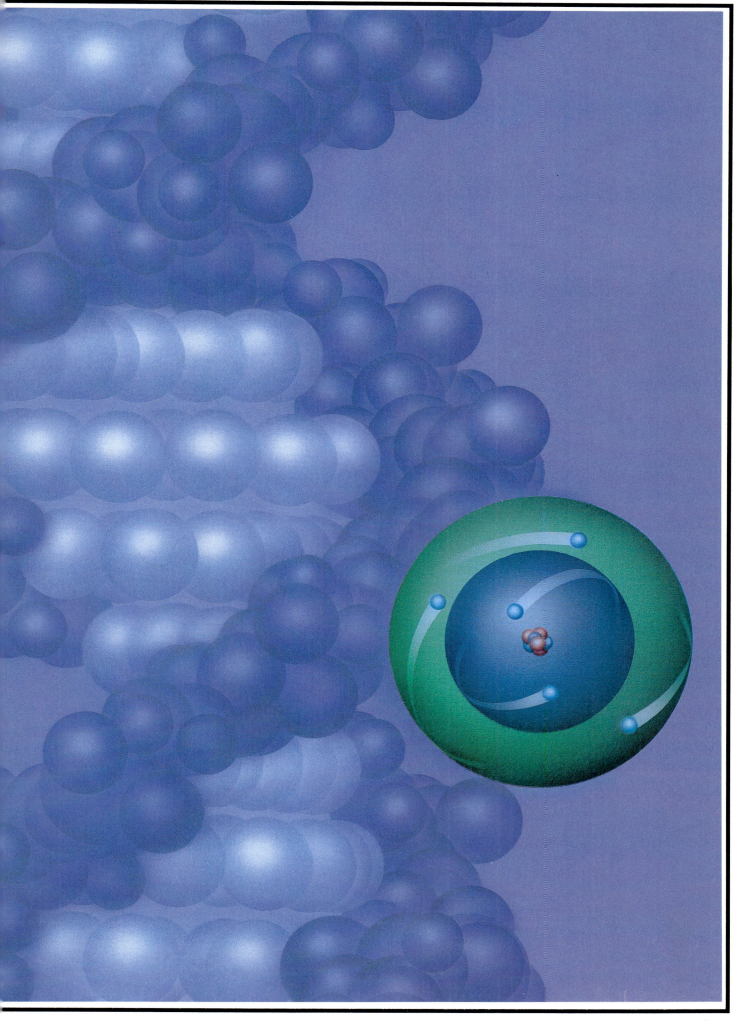

¿Hay algo más pequeño que un átomo?

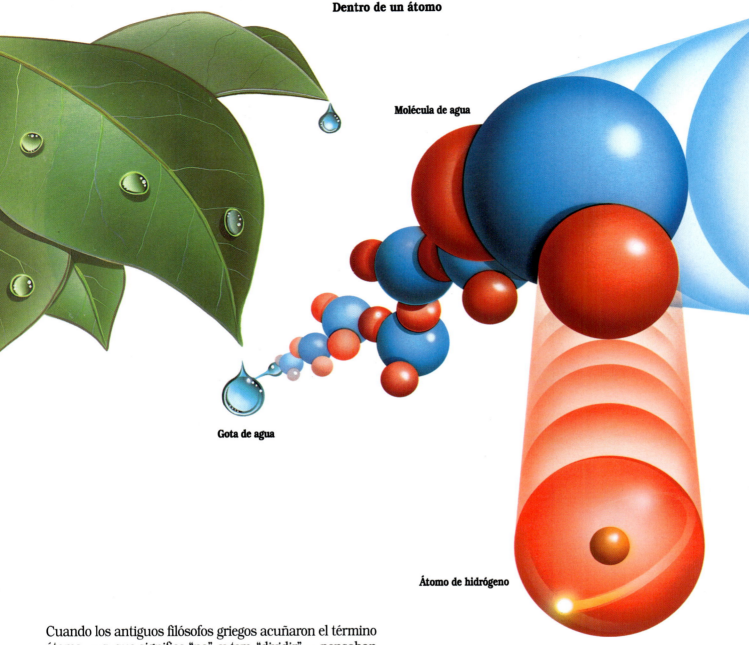

Dentro de un átomo

Molécula de agua

Gota de agua

Átomo de hidrógeno

Cuando los antiguos filósofos griegos acuñaron el término átomo —*a*, que significa "no", y *tom*, "dividir" —, pensaban que el átomo era la parte fundamental e indivisible formadora del universo. Pero los físicos modernos han descubierto un sinfín de partes más pequeñas en este diminuto mundo. Dentro de cada átomo reside un núcleo formado por protones y neutrones, rodeado por electrones en movimiento. Estas partículas, denominadas subatómicas, están enlazadas entre sí por dos grandes fuerzas, la electromagnética y la potente fuerza nuclear. Gracias al poder del electromagnetismo, los protones, cargados positivamente, atraen a los electrones, cargados negativamente, mientras que una gran fuerza actúa entre protones y neutrones en el núcleo del átomo. Desde 1960, los científicos empezaron a investigar en el átomo, y encontraron varias unidades de materia más pequeñas, caprichosa-

mente llamadas quarks, dentro de los protones y los neutrones. Los quarks son casi mil veces más pequeños que los protones y tienen una carga eléctrica que es un tercio o dos tercios de la intensidad de un protón. Hasta el momento se conocen seis clases de quarks (denominados: *up*, "arriba"; *down*, "abajo"; *strange*, "raro"; *charmed*, "encantado"; *top*, "cima", y *bottom*, "fondo") y siempre se encuentran emparejados. Los quarks entran propiamente dentro del campo de la física, mientras que la química principalmente se limita a examinar qué ocurre cuando los átomos se unen o interaccionan para formar moléculas.

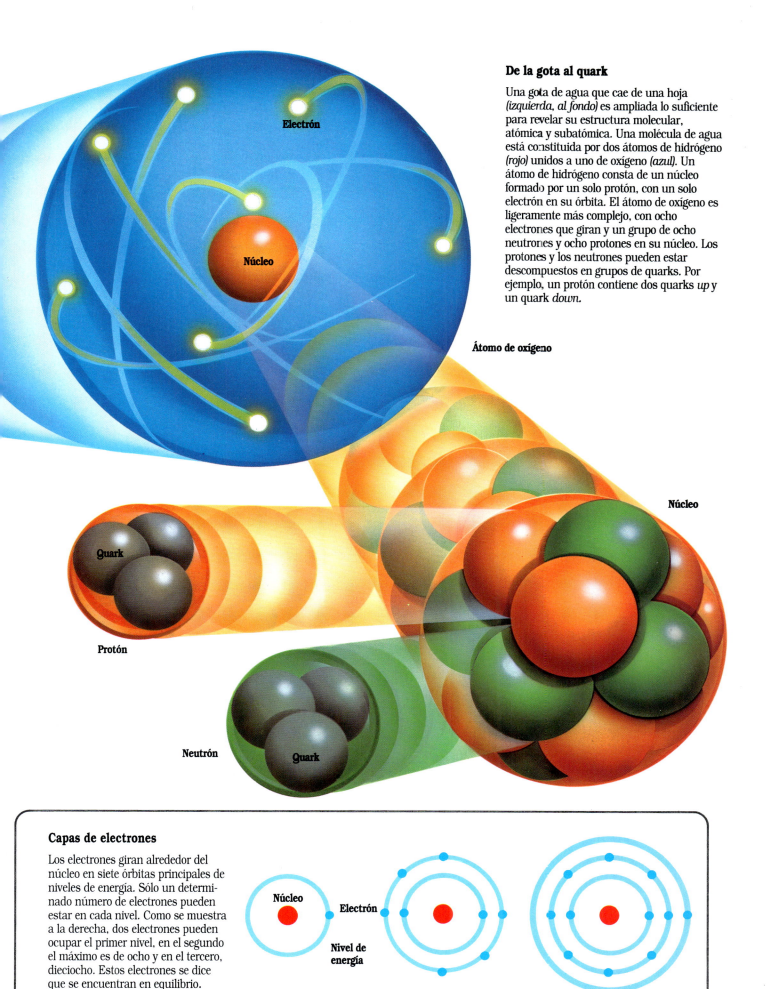

Electrón

Núcleo

Átomo de oxígeno

Núcleo

Quark

Protón

Neutrón

Quark

De la gota al quark

Una gota de agua que cae de una hoja *(izquierda, al fondo)* es ampliada lo suficiente para revelar su estructura molecular, atómica y subatómica. Una molécula de agua está constituida por dos átomos de hidrógeno *(rojo)* unidos a uno de oxígeno *(azul)*. Un átomo de hidrógeno consta de un núcleo formado por un solo protón, con un solo electrón en su órbita. El átomo de oxígeno es ligeramente más complejo, con ocho electrones que giran y un grupo de ocho neutrones y ocho protones en su núcleo. Los protones y los neutrones pueden estar descompuestos en grupos de quarks. Por ejemplo, un protón contiene dos quarks *up* y un quark *down*.

Capas de electrones

Los electrones giran alrededor del núcleo en siete órbitas principales de niveles de energía. Sólo un determinado número de electrones pueden estar en cada nivel. Como se muestra a la derecha, dos electrones pueden ocupar el primer nivel, en el segundo el máximo es de ocho y en el tercero, dieciocho. Estos electrones se dice que se encuentran en equilibrio.

Núcleo

Electrón

Nivel de energía

Hidrógeno

Oxígeno

Sodio

¿Qué tamaño tienen los átomos?

Los átomos, los bloques básicos del edificio de la materia, son inimaginablemente pequeños. Más de un millón de átomos colocados uno encima de otro apenas ocuparían la altura de esta hoja de papel. En el interior de cada átomo se encuentra el núcleo, formado por protones, cargados positivamente, y neutrones, eléctricamente neutros. Los electrones, cargados negativamente, se encuentran en una órbita alrededor del núcleo, en forma similar a la de los planetas alrededor del Sol. Los científicos miden el tamaño de los átomos de acuerdo con su radio, tomado desde el centro del núcleo hasta la órbita más externa de los electrones. La escala de las dimensiones atómicas puede compararse a la diferencia de tamaño entre una canica y un balón de fútbol. En términos de volumen, un átomo de hidrógeno, el de menor tamaño, ocupa una milésima parte del espacio del átomo del francio radiactivo, el mayor de todos. Tradicionalmente, el radio de un átomo es medido en nanómetros (1/1.000.000.000 de metro). Los científicos expresan estas medidas tan pequeñas en forma abreviada. En la nomenclatura científica 10^{-1}, por ejemplo, equivale a 0,1. Para indicar cada reducción sucesiva de 10 unidades, llamadas potencias de 10, el exponente se rebaja una unidad; así 10^{-2} sería la forma de expresar 0,01. El exponente nos indicará el número de cifras después de la coma decimal. Para los números muy grandes, cada 10 unidades se incrementará en uno la cifra del exponente, de tal manera que el número 2×10^{22} es equivalente a 20.000.000.000.000.000.000.000, el número 2 seguido de veintidós ceros.

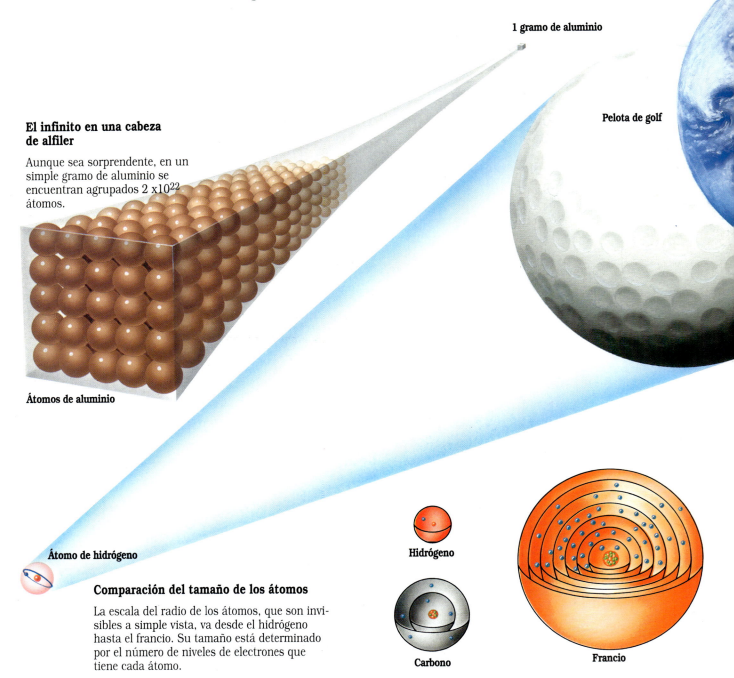

1 gramo de aluminio

Pelota de golf

El infinito en una cabeza de alfiler

Aunque sea sorprendente, en un simple gramo de aluminio se encuentran agrupados 2×10^{22} átomos.

Átomos de aluminio

Átomo de hidrógeno

Comparación del tamaño de los átomos

La escala del radio de los átomos, que son invisibles a simple vista, va desde el hidrógeno hasta el francio. Su tamaño está determinado por el número de niveles de electrones que tiene cada átomo.

Hidrógeno

Carbono

Francio

Una noción de la escala atómica

Una forma de visualizar el tamaño de los átomos es imaginarse la relación entre un átomo de hidrógeno, una pelota de golf y la Tierra. La pelota de golf es tantas veces mayor que un átomo, como la Tierra lo es respecto a la pelota de golf.

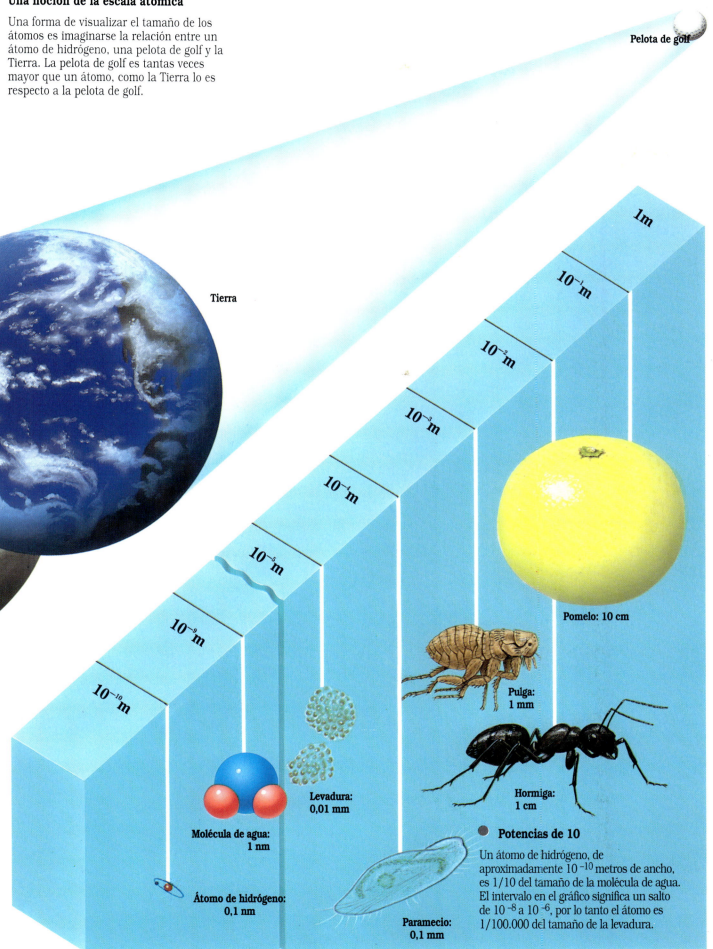

Pelota de golf

Tierra

1m

10^{-1} m

10^{-2} m

10^{-3} m

10^{-4} m

10^{-5} m

10^{-9} m

10^{-10} m

Pomelo: 10 cm

Pulga:
1 mm

Hormiga:
1 cm

Levadura:
0,01 mm

Molécula de agua:
1 nm

Átomo de hidrógeno:
0,1 nm

Paramecio:
0,1 mm

● Potencias de 10

Un átomo de hidrógeno, de aproximadamente 10^{-10} metros de ancho, es 1/10 del tamaño de la molécula de agua. El intervalo en el gráfico significa un salto de 10^{-8} a 10^{-6}, por lo tanto el átomo es 1/100.000 del tamaño de la levadura.

¿Qué son los elementos?

Los elementos son los ingredientes básicos del universo que no pueden descomponerse en sustancias más simples. Cada objeto, desde las estrellas hasta los copos de nieve, está formado por uno o más de los 92 elementos que podemos encontrar en forma natural; otros 17 elementos son de fabricación humana. Cada elemento tiene una estructura atómica única que determina sus propiedades químicas. Más del 80 % de los elementos están clasificados como metales, que son capaces de conducir el calor, pueden doblarse o estirarse y son brillantes. Los no metales muestran una gran variación en sus propiedades e incluyen gases, líquidos y sólidos. Los metaloides combinan las propiedades de los metales y las de los no metales. En 1869, el científico ruso Dmitri Mendeleev ideó un sistema para ordenar los elementos que permite conocer su naturaleza con una simple observación. Este método, denominado tabla periódica, se utiliza todavía hoy en día, y dispone en filas los elementos según su número atómico y en columnas de acuerdo con sus similitudes químicas.

La tabla periódica de elementos

Atmósfera

Hidrosfera

Litosfera

H 0,9 %
Na 2,6 %
Mg 1,9 %
K 2,4 %
Ca 3,4 %
Ti 0,5 %
Fe 4,7 %

Los elementos 104–109 no se muestran en esta tabla periódica. El elemento 104 se denomina ruterfordio (Rf) y el elemento 105 hanio (Ha). No se han propuesto nombres para el resto de los elementos.

Los elementos y sus símbolos

#	Símbolo	Nombre	#	Símbolo	Nombre	#	Símbolo	Nombre	#	Símbolo	Nombre
1	H	Hidrógeno	14	Si	Silicio	27	Co	Cobalto	40	Zr	Circonio
2	He	Helio	15	P	Fósforo	28	Ni	Níquel	41	Nb	Niobio
3	Li	Litio	16	S	Azufre	29	Cu	Cobre	42	Mo	Molibdeno
4	Be	Berilio	17	Cl	Cloro	30	Zn	Zinc	43	Tc	Tecnecio
5	B	Boro	18	Ar	Argón	31	Ga	Galio	44	Ru	Rutenio
6	C	Carbono	19	K	Potasio	32	Ge	Germanio	45	Rh	Rodio
7	N	Nitrógeno	20	Ca	Calcio	33	As	Arsénico	46	Pd	Paladio
8	O	Oxígeno	21	Sc	Escandio	34	Se	Selenio	47	Ag	Plata
9	F	Flúor	22	Ti	Titanio	35	Br	Bromo	48	Cd	Cadmio
10	Ne	Neón	23	V	Vanadio	36	Kr	Criptón	49	In	Indio
11	Na	Sodio	24	Cr	Cromo	37	Rb	Rubidio	50	Sn	Estaño
12	Mg	Magnesio	25	Mn	Manganeso	38	Sr	Estroncio	51	Sb	Antimonio
13	Al	Aluminio	26	Fe	Hierro	39	Y	Itrio	52	Te	Telurio

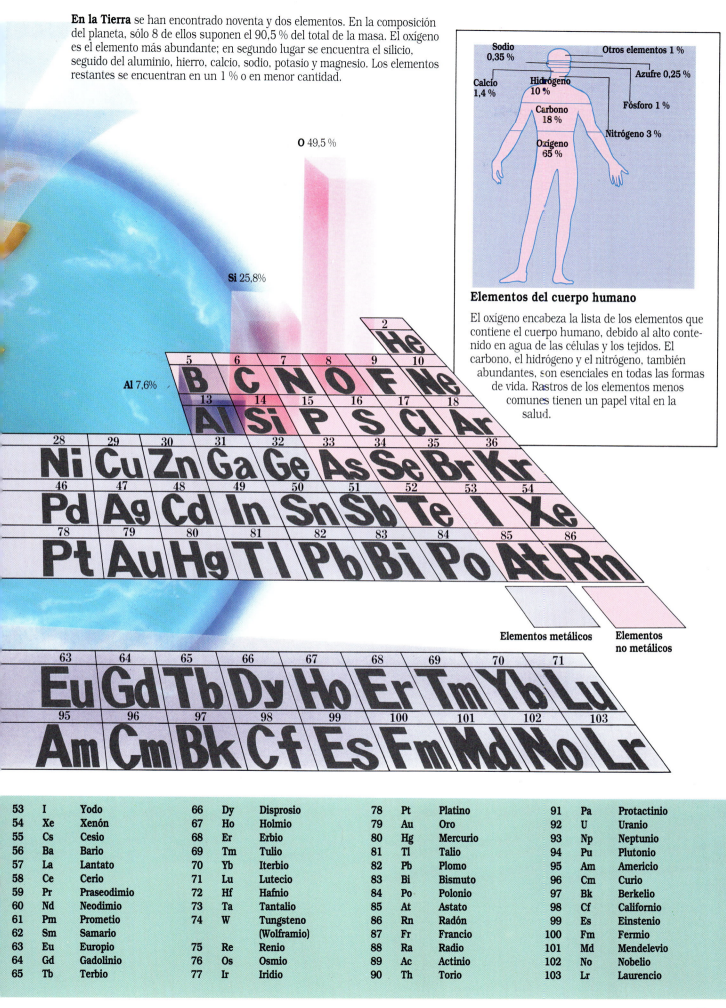

En la Tierra se han encontrado noventa y dos elementos. En la composición del planeta, sólo 8 de ellos suponen el 90,5 % del total de la masa. El oxígeno es el elemento más abundante; en segundo lugar se encuentra el silicio, seguido del aluminio, hierro, calcio, sodio, potasio y magnesio. Los elementos restantes se encuentran en un 1 % o en menor cantidad.

Sodio 0,35 %
Otros elementos 1 %
Calcio 1,4 %
Hidrógeno 10 %
Azufre 0,25 %
Carbono 18 %
Fósforo 1 %
Nitrógeno 3 %
Oxígeno 65 %

Elementos del cuerpo humano

El oxígeno encabeza la lista de los elementos que contiene el cuerpo humano, debido al alto contenido en agua de las células y los tejidos. El carbono, el hidrógeno y el nitrógeno, también abundantes, son esenciales en todas las formas de vida. Rastros de los elementos menos comunes tienen un papel vital en la salud.

O 49,5 %
Si 25,8 %
Al 7,6 %

Elementos metálicos
Elementos no metálicos

53	I	Yodo	66	Dy	Disprosio	78	Pt	Platino	91	Pa	Protactinio
54	Xe	Xenón	67	Ho	Holmio	79	Au	Oro	92	U	Uranio
55	Cs	Cesio	68	Er	Erbio	80	Hg	Mercurio	93	Np	Neptunio
56	Ba	Bario	69	Tm	Tulio	81	Tl	Talio	94	Pu	Plutonio
57	La	Lantato	70	Yb	Iterbio	82	Pb	Plomo	95	Am	Americio
58	Ce	Cerio	71	Lu	Lutecio	83	Bi	Bismuto	96	Cm	Curio
59	Pr	Praseodimio	72	Hf	Hafnio	84	Po	Polonio	97	Bk	Berkelio
60	Nd	Neodimio	73	Ta	Tantalio	85	At	Astato	98	Cf	Californio
61	Pm	Prometio	74	W	Tungsteno	86	Rn	Radón	99	Es	Einstenio
62	Sm	Samario			(Wolframio)	87	Fr	Francio	100	Fm	Fermio
63	Eu	Europio	75	Re	Renio	88	Ra	Radio	101	Md	Mendelevio
64	Gd	Gadolinio	76	Os	Osmio	89	Ac	Actinio	102	No	Nobelio
65	Tb	Terbio	77	Ir	Iridio	90	Th	Torio	103	Lr	Laurencio

¿De qué están hechas las fibras?

Los científicos intentan investigar la naturaleza de la materia con microscopios, pruebas químicas y con otros recursos. Todas las sustancias, sin importar su solidez, están formadas por unidades más pequeñas, como átomos o grupos de átomos llamados moléculas, unidas entre sí por puentes químicos llamados enlaces. La ilustración inferior muestra cómo el algodón de un osito panda de juguete es separado en sus componentes básicos. El tejido está formado por hebras individuales, cada una de ellas constituida por hebras más finas llamadas fibras simples. Las fibras consisten en largas cadenas de moléculas gigantes o polímeros. Cada fibra simple contiene haces de cadenas más delgadas llamadas microfibrillas, las cuales son moléculas de celulosa enlazadas. La celulosa, un polímero y el principal ingrediente de las células de las plantas, está formada por átomos de carbono, hidrógeno y oxígeno.

Anatomía de una fibra

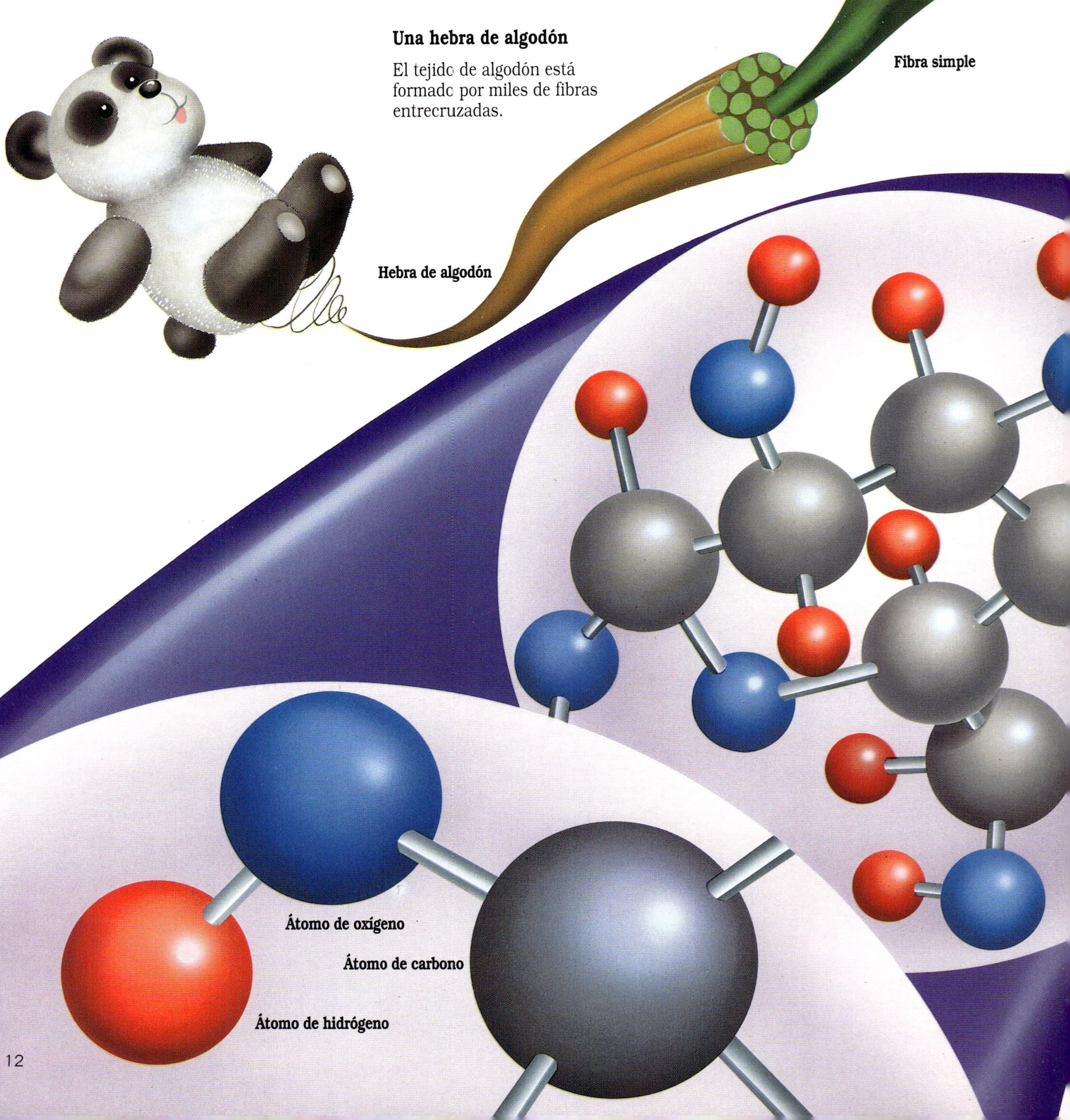

Una hebra de algodón

El tejido de algodón está formado por miles de fibras entrecruzadas.

Fibra simple

Hebra de algodón

Átomo de oxígeno

Átomo de carbono

Átomo de hidrógeno

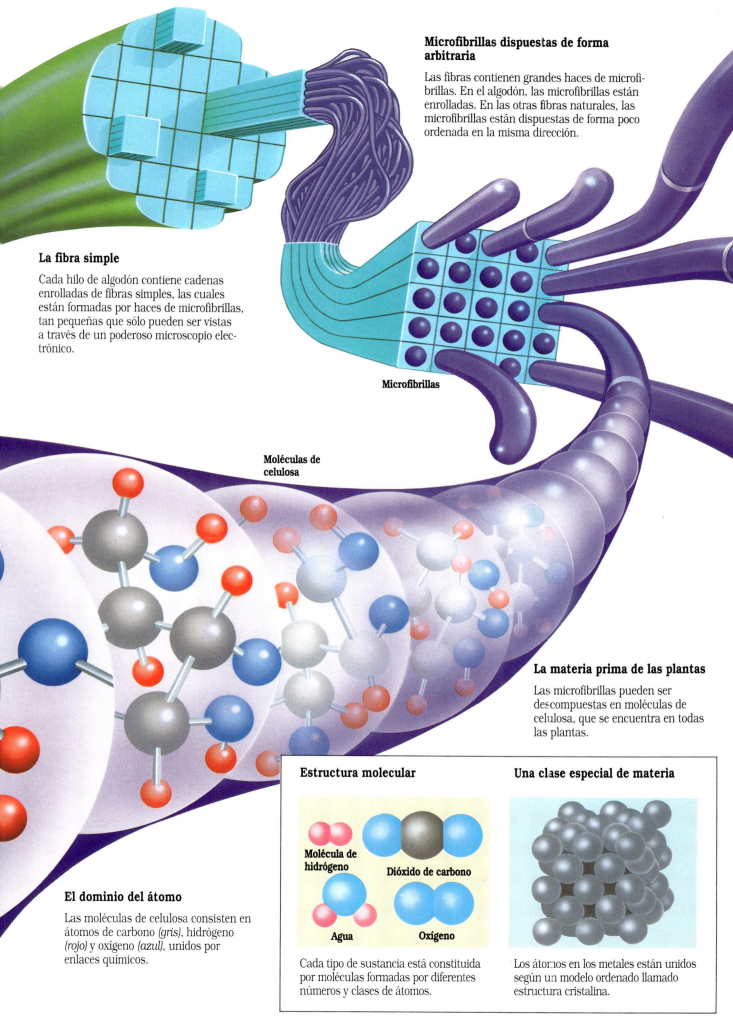

Microfibrillas dispuestas de forma arbitraria

Las fibras contienen grandes haces de microfibrillas. En el algodón, las microfibrillas están enrolladas. En las otras fibras naturales, las microfibrillas están dispuestas de forma poco ordenada en la misma dirección.

La fibra simple

Cada hilo de algodón contiene cadenas enrolladas de fibras simples, las cuales están formadas por haces de microfibrillas, tan pequeñas que sólo pueden ser vistas a través de un poderoso microscopio electrónico.

Microfibrillas

Moléculas de celulosa

La materia prima de las plantas

Las microfibrillas pueden ser descompuestas en moléculas de celulosa, que se encuentra en todas las plantas.

El dominio del átomo

Las moléculas de celulosa consisten en átomos de carbono *(gris)*, hidrógeno *(rojo)* y oxígeno *(azul)*, unidos por enlaces químicos.

Estructura molecular

Molécula de hidrógeno

Dióxido de carbono

Agua

Oxígeno

Cada tipo de sustancia está constituida por moléculas formadas por diferentes números y clases de átomos.

Una clase especial de materia

Los átomos en los metales están unidos según un modelo ordenado llamado estructura cristalina.

¿Cómo se produce la fisión nuclear?

Fisión, que proviene de la palabra latina *divisio*, división, es el proceso en el cual un núcleo atómico se escinde en dos. La fisión se da en los elementos radiactivos, tales como el uranio y el plutonio. Estos elementos tienen un gran núcleo inestable, el cual se descompone a lo largo del tiempo. Cuando se desintegra un núcleo, los protones y neutrones se reordenan ellos mismos formando dos nuevos átomos y emitiendo energía y neutrones en dicho proceso. La emisión de neutrones induce a los otros átomos a desintegrarse, conduciendo a una reacción en cadena que provoca que los átomos cercanos se dividan. Cuando tales reacciones llegan a un estado llamado crítico, se puede producir una explosión similar a la que tiene lugar en las reacciones de la bomba atómica. En los reactores nucleares, donde la fisión es cuidadosamente controlada, el calor obtenido por la fisión de combustibles como el uranio 235 *(debajo)* puede ser utilizado en generadores de vapor y producir electricidad.

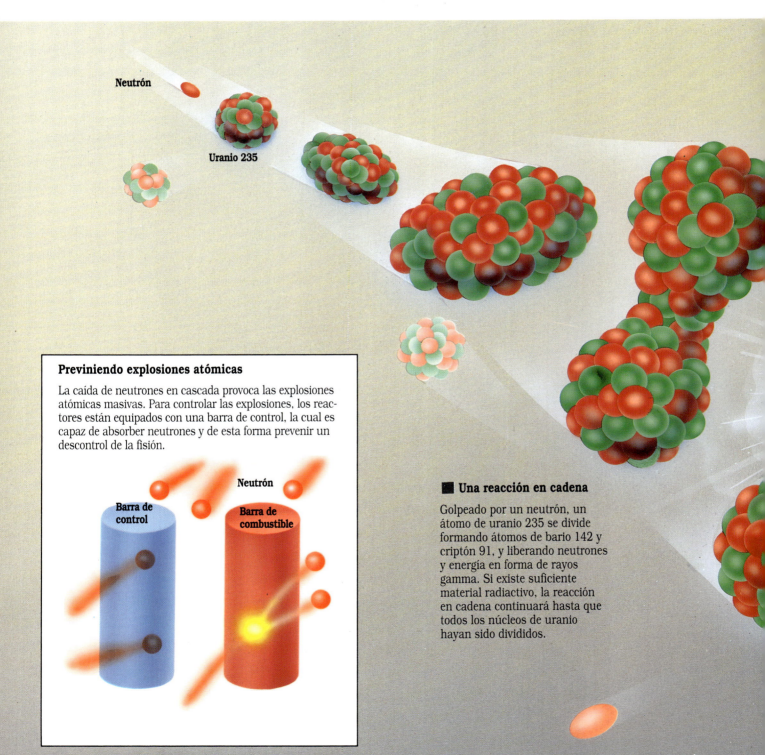

Neutrón

Uranio 235

Previniendo explosiones atómicas

La caída de neutrones en cascada provoca las explosiones atómicas masivas. Para controlar las explosiones, los reactores están equipados con una barra de control, la cual es capaz de absorber neutrones y de esta forma prevenir un descontrol de la fisión.

Neutrón

Barra de control

Barra de combustible

■ Una reacción en cadena

Golpeado por un neutrón, un átomo de uranio 235 se divide formando átomos de bario 142 y criptón 91, y liberando neutrones y energía en forma de rayos gamma. Si existe suficiente material radiactivo, la reacción en cadena continuará hasta que todos los núcleos de uranio hayan sido divididos.

Una planta de energía nuclear

El diagrama de la derecha muestra un reactor nuclear del tipo que es utilizado por las compañías eléctricas. Las reacciones nucleares calientan el agua, la cual fluye dentro de un generador de vapor. Este líquido, calentado a 300 °C, permite la entrada de un segundo suministro de agua para hervir. El vapor resultante hace girar una turbina que genera electricidad. El agua fría realimenta los dos sistemas.

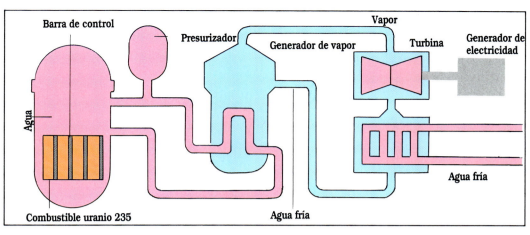

Barra de control

Presurizador

Vapor

Generador de vapor

Turbina

Generador de electricidad

Agua

Combustible uranio 235

Agua fría

Agua fría

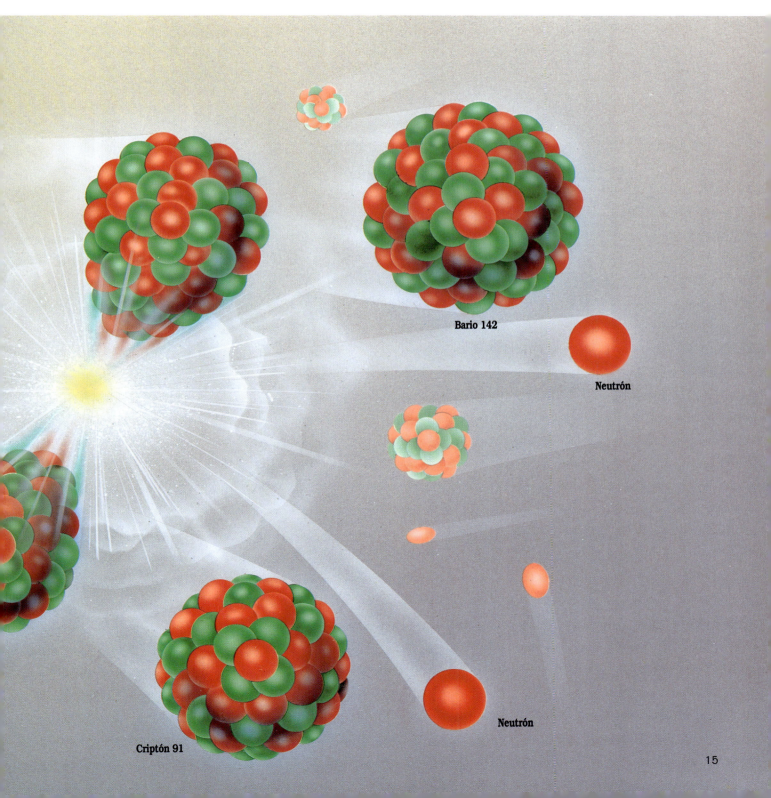

Bario 142

Neutrón

Neutrón

Criptón 91

¿Qué es la fusión nuclear?

En la fusión, los núcleos de dos átomos ligeros se unen para formar un núcleo pesado. Esto ocurre de forma natural en el interior de las estrellas, donde las presiones y las temperaturas son suficientemente altas para vencer la fuerza que normalmente actúa entre dos núcleos que se repelen, y también la fuerza tenaz que une protones y neutrones. Dentro de las estrellas, se emiten núcleos fundidos cuando se producen colisiones, como en la ilustración inferior. Al formarse un nuevo núcleo, neutrones, protones y otras partículas subatómicas denominadas neutrinos y positrones son liberados, así como energía. Los científicos esperan generar grandes cantidades de energía a partir de la fusión producida en los laboratorios, y están trabajando para perfeccionar reactores que reproduzcan las condiciones que se dan en las estrellas.

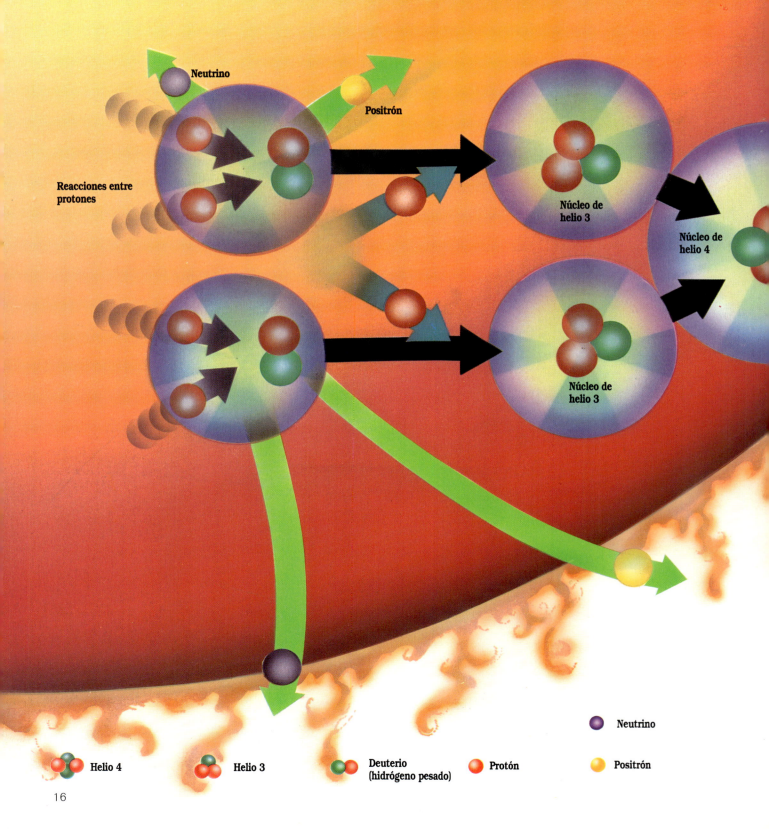

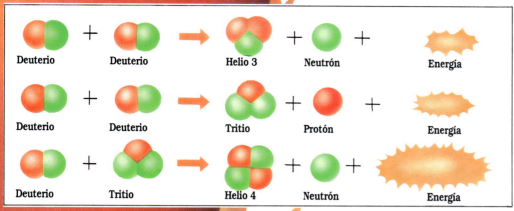

| Deuterio | + | Deuterio | → | Helio 3 | + | Neutrón | + | Energía |

Reacciones de fusión

La fusión de dos núcleos de deuterio *(arriba)*, que consta de un protón y un neutrón, produce helio 3. La misma reacción *(centro)* a veces solamente produce tritio, con un protón y dos neutrones. Un núcleo de deuterio y uno de tritio *(abajo)* combinados producen helio 4. En cada reacción se emiten partículas y energía.

Fusión nuclear dentro del Sol

Un protón es liberado

Fusión en el laboratorio

Los reactores de fusión, que aún se encuentran en etapa experimental, a menudo tienen forma circular, como se muestra en el dibujo inferior. Dentro de esta cámara circula un plasma, gas caliente altamente cargado y calentado a un mínimo de 100.000.000 °C. Un poderoso campo magnético rodea el plasma, manteniéndolo apartado de la pared de la cámara, la cual, de no ser así, podría fundirse.

La máxima explosión en el mínimo volumen

La fusión de un kilogramo de hidrógeno produce más energía que la combustión de 18.000 toneladas de carbón.

Carbón

Hidrógeno

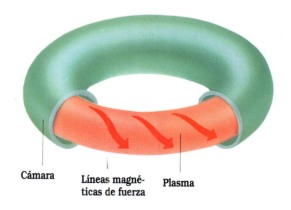

Cámara   Líneas magné-   Plasma
            ticas de fuerza

Un reactor experimental de fusión nuclear

¿Cómo conduce la sal la electricidad?

Sólo ciertos materiales conducen la electricidad. En los metales y otras sustancias que pueden conducir la electricidad, la corriente eléctrica es producida cuando los electrones se liberan de sus enlaces atómicos y empiezan a fluir libremente. Las sustancias como la sal (cloruro sódico) son conductores pobres porque sus electrones no se pueden mover fácilmente. Pero cuando la sal está disuelta en un líquido como el agua, la situación cambia. Entonces, los átomos de sodio y cloro se ionizan, es decir, pierden o ganan un electrón, adquiriendo por tanto, una carga positiva o negativa, y conducen la electricidad. Estas sustancias que no pueden conducir electricidad cuando son sólidos pero pueden hacerlo cuando están en forma líquida se denominan electrólitos. El fenómeno puede ser demostrado poniendo dos electrodos —uno cargado positivamente, ánodo, y uno negativamente, cátodo— en una solución salina, como en la ilustración inferior. Debido a que las cargas opuestas se atraen, los aniones (iones negativos) fluyen hacia el ánodo, mientras que los cationes (iones positivos) son atraídos por el cátodo, produciendo una corriente eléctrica.

Conducción electrolítica

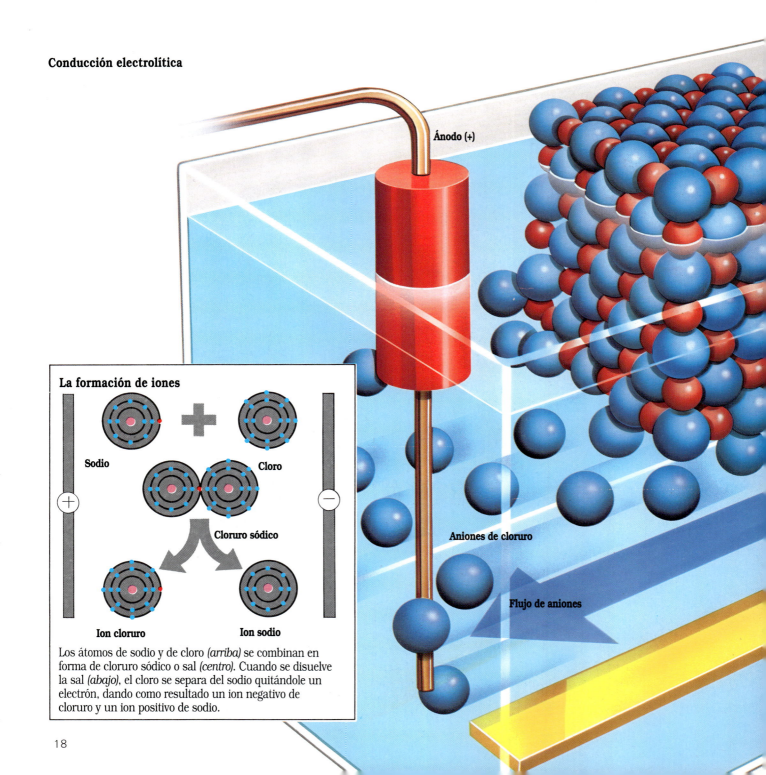

La formación de iones

Sodio

Cloro

Cloruro sódico

Ion cloruro

Ion sodio

Los átomos de sodio y de cloro *(arriba)* se combinan en forma de cloruro sódico o sal *(centro)*. Cuando se disuelve la sal *(abajo)*, el cloro se separa del sodio quitándole un electrón, dando como resultado un ion negativo de cloruro y un ion positivo de sodio.

Ánodo (+)

Aniones de cloruro

Flujo de aniones

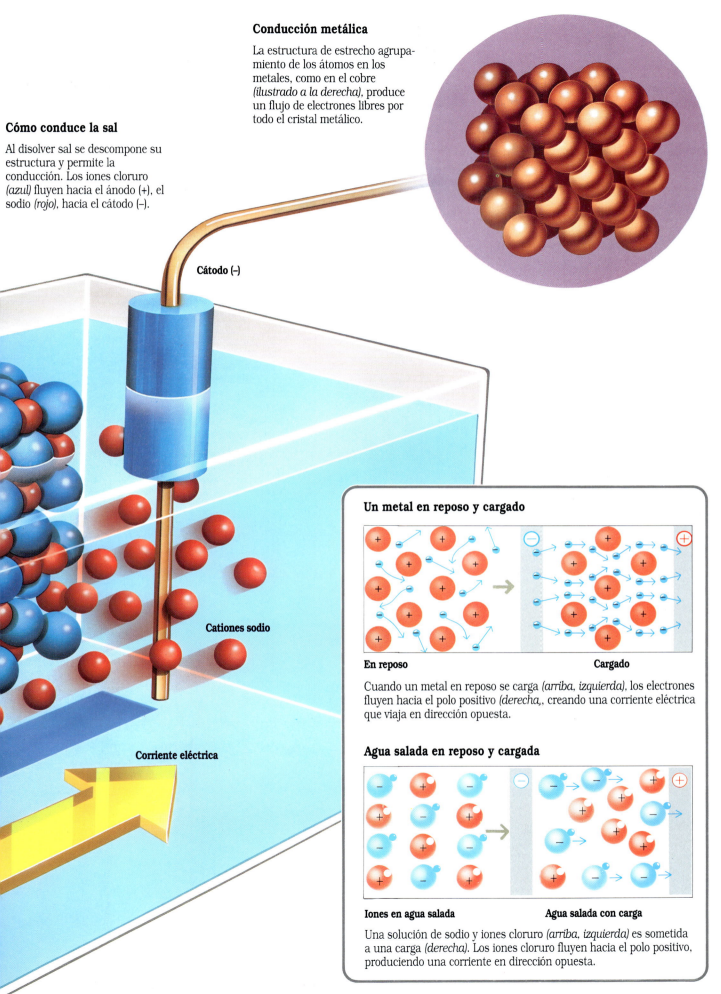

Conducción metálica

La estructura de estrecho agrupamiento de los átomos en los metales, como en el cobre *(ilustrado a la derecha)*, produce un flujo de electrones libres por todo el cristal metálico.

Cómo conduce la sal

Al disolver sal se descompone su estructura y permite la conducción. Los iones cloruro *(azul)* fluyen hacia el ánodo (+), el sodio *(rojo)*, hacia el cátodo (–).

Cátodo (–)

Cationes sodio

Corriente eléctrica

Un metal en reposo y cargado

En reposo   Cargado

Cuando un metal en reposo se carga *(arriba, izquierda)*, los electrones fluyen hacia el polo positivo *(derecha,* creando una corriente eléctrica que viaja en dirección opuesta.

Agua salada en reposo y cargada

Iones en agua salada   Agua salada con carga

Una solución de sodio y iones cloruro *(arriba, izquierda)* es sometida a una carga *(derecha)*. Los iones cloruro fluyen hacia el polo positivo, produciendo una corriente en dirección opuesta.

¿Cómo se forman los coloides?

Los coloides son mezclas de sustancias que tienen partículas de líquidos, sólidos o gases distribuidas por todas partes. El tamaño de las partículas constituye la característica definitoria de los coloides. Su dimensión varía de 0,0001 a 0,0000001 centímetros de ancho. Dependiendo de su composición, los coloides tienen nombres diferentes. Si las partículas son de gas y el medio en el cual están suspendidas es líquido o sólido, los coloides se denominan "espumas". Un ejemplo es el aire que hay dentro de la nata que ha sido batida para obtener nata montada. Una dispersión de partículas líquidas dentro de un líquido se llama "emulsión". Un ejemplo de emulsión es la leche homogeneizada. Los sólidos dentro de un líquido o un gas reciben el nombre de "soles", bien aerosol o, si el líquido es agua, hidrosol. Entre los coloides se cuentan sustancias naturales como la clara de huevo, la sangre y el barro. Cada día elaboramos coloides como la mayonesa, la gelatina y las pinturas. Los químicos estudian las propiedades más interesantes de los coloides, por ejemplo, la única manera en la que se dispersan o en qué sustancias pueden ser filtrados.

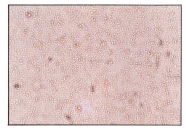

Una microfotografía de leche muestra las partículas en suspensión.

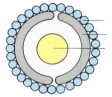

Moléculas de agua
Envoltura proteica
Grasa

Una capa de moléculas de agua envuelve una molécula de grasa de una partícula de leche. El agua y el aceite no se mezclan, pero en la leche, una envoltura proteica permite la dispersión de las moléculas de grasa.

Tres tipos básicos de coloides

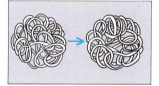

Un gas en un sólido. Las moléculas extienden un retículo de fibras que pueden alojarse en el gas, formando así una espuma.

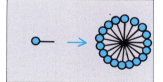

Líquido en líquido. Las moléculas se agrupan alrededor de partículas que pueden estar igualmente dispersas formando una emulsión.

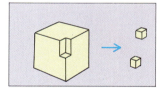

Sólidos en un gas. Los sólidos pueden estar dispersos en un gas, si están descompuestos en pequeñísimos pedazos, como ocurre en un aerosol.

El efecto Tindall

La luz que brilla a través de la niebla —un coloide— se dispersa en bandas. El efecto ocurre porque las partículas absorben y reemiten la luz en todas direcciones.

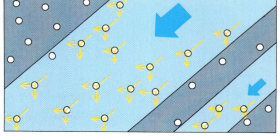

La niebla en un bosque produce bandas de luz.

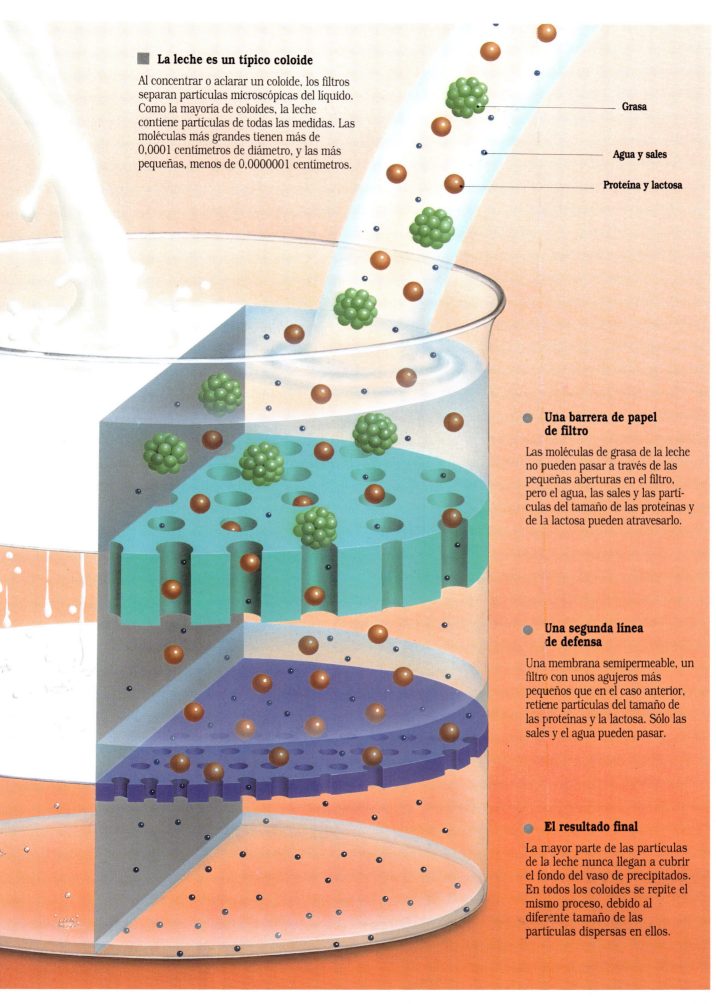

La leche es un típico coloide

Al concentrar o aclarar un coloide, los filtros separan partículas microscópicas del líquido. Como la mayoría de coloides, la leche contiene partículas de todas las medidas. Las moléculas más grandes tienen más de 0,0001 centímetros de diámetro, y las más pequeñas, menos de 0,0000001 centímetros.

Grasa

Agua y sales

Proteína y lactosa

Una barrera de papel de filtro

Las moléculas de grasa de la leche no pueden pasar a través de las pequeñas aberturas en el filtro, pero el agua, las sales y las partículas del tamaño de las proteínas y de la lactosa pueden atravesarlo.

Una segunda línea de defensa

Una membrana semipermeable, un filtro con unos agujeros más pequeños que en el caso anterior, retiene partículas del tamaño de las proteínas y la lactosa. Sólo las sales y el agua pueden pasar.

El resultado final

La mayor parte de las partículas de la leche nunca llegan a cubrir el fondo del vaso de precipitados. En todos los coloides se repite el mismo proceso, debido al diferente tamaño de las partículas dispersas en ellos.

¿Cómo se datan los fósiles?

Los arqueólogos determinan la edad de los huesos y de los restos prehistóricos mediante una técnica denominada del carbono radiactivo. Tomando una pequeña muestra de lo que deseamos datar, se mide la cantidad del isótopo radiactivo carbono 14 que contiene. (Los isótopos son formas especiales del mismo elemento que tienen más o menos neutrones que el átomo normal del elemento; en el caso del carbono 14, tiene 8 neutrones cuando el elemento normal sólo tiene 6.) Las plantas absorben carbono 14 del aire durante la actividad de producción de alimentos de la fotosíntesis, y después los herbívoros, o animales que se alimentan de plantas, adquieren la sustancia. Cuando una planta o animal muere, su reserva de carbono 14 disminuye, porque, como todos los elementos radiactivos, el carbono 14 se desintegra, perdiendo cerca de la mitad de su masa en un período de 5.568 años, un período denominado su vida media. Comparando la cantidad de carbono 14 en un hueso de antílope moderno o en una herramienta de madera con la que contienen sus correspondientes fósiles, y sabiendo la velocidad de desintegración del carbono 14, los investigadores pueden calcular con precisión en qué momento murió el antílope antiguo o el árbol con el que se había fabricado la herramienta de madera. El fósil más antiguo es el que contiene menor cantidad de carbono 14.

Datación por carbono radiactivo

Protón

Partícula beta

● **El carbono se convierte en nitrógeno**

Cuando un átomo de carbono 14 se convierte en nitrógeno 14, un neutrón se transforma en un protón, que es retenido, y en un electrón, que es emitido como partícula beta.

Nitrógeno 14

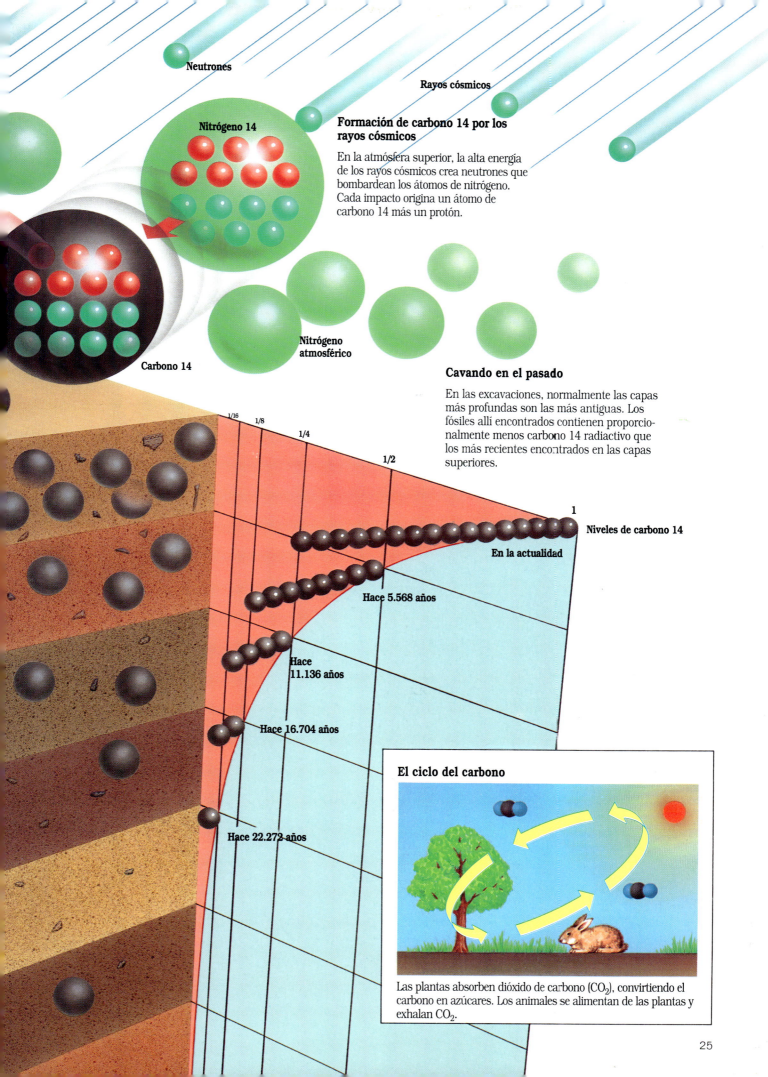

Neutrones

Rayos cósmicos

Nitrógeno 14

Formación de carbono 14 por los rayos cósmicos

En la atmósfera superior, la alta energía de los rayos cósmicos crea neutrones que bombardean los átomos de nitrógeno. Cada impacto origina un átomo de carbono 14 más un protón.

Nitrógeno atmosférico

Carbono 14

Cavando en el pasado

En las excavaciones, normalmente las capas más profundas son las más antiguas. Los fósiles allí encontrados contienen proporcionalmente menos carbono 14 radiactivo que los más recientes encontrados en las capas superiores.

1/16   1/8

1/4

1/2

1

Niveles de carbono 14

En la actualidad

Hace 5.568 años

Hace 11.136 años

Hace 16.704 años

Hace 22.272 años

El ciclo del carbono

Las plantas absorben dióxido de carbono (CO_2), convirtiendo el carbono en azúcares. Los animales se alimentan de las plantas y exhalan CO_2.

¿Qué es el ciclo del nitrógeno?

Tanto si está en la atmósfera, en la tierra o en el agua, el nitrógeno a menudo forma parte de las reacciones químicas. Fábricas y volcanes emiten nitrógeno, el cual es fijado, o convertido en una forma utilizable, por la interacción de los rayos del Sol y de los relámpagos. La lluvia devuelve el nitrógeno a la Tierra. Asimismo, el nitrógeno —esencial para la vida— forma los aminoácidos que constituyen las proteínas. Las plantas y los animales ingieren y excretan nitrógeno. Otros compuestos de nitrógeno van a los ríos y océanos, donde sufren cambios químicos. Todos estos acontecimientos configuran el ciclo del nitrógeno.

Un ciclo de uso y cambio

Moléculas de nitrógeno

Dióxido de nitrógeno

Fijación luminosa

Cuando el relámpago descarga, el nitrógeno que está en el aire se combina con el oxígeno, formando dióxido de nitrógeno.

Fijación industrial

La conversión de nitrógeno en otros componentes es conocida como fijación. Las fábricas producen nitratos para fertilizantes artificiales usando este proceso.

Los nitratos del suelo

Mezclado con agua, el nitrógeno inorgánico del suelo forma compuestos que las plantas convierten en nitrógeno orgánico.

Conversión I

Cuando la materia de las plantas y animales se desintegra, las bacterias convierten los componentes nitrogenados en amoníaco, y después en nitritos y en nitratos.

Un continuo intercambio

La mayor parte del nitrógeno terrestre está encerrado en la corteza, como se muestra en el diagrama de la derecha. El nitrógeno restante realiza un ciclo desde el aire a la tierra, de la tierra a los mares y desde los mares vuelve a la atmósfera. Mientras que los organismos vivos necesitan nitrógeno para sobrevivir, algunos componentes del nitrógeno liberados por la industria causan la lluvia ácida, envenenando lagos y dañando los árboles.

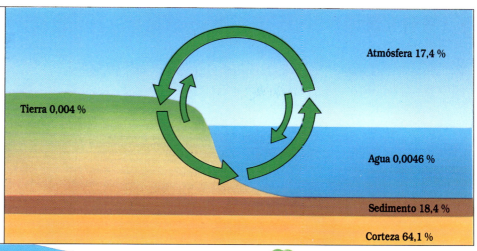

Atmósfera 17,4 %

Tierra 0,004 %

Agua 0,0046 %

Sedimento 18,4 %

Corteza 64,1 %

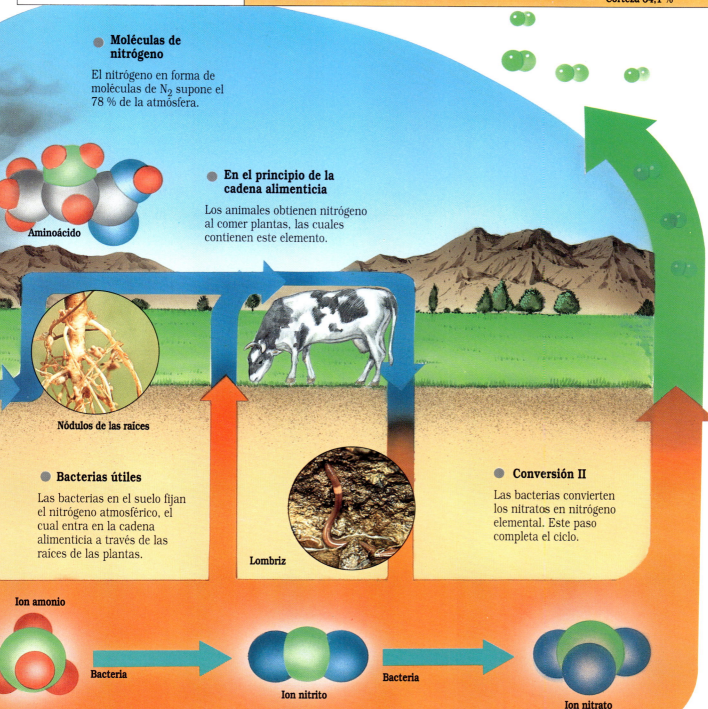

● Moléculas de nitrógeno

El nitrógeno en forma de moléculas de N_2 supone el 78 % de la atmósfera.

Aminoácido

● En el principio de la cadena alimenticia

Los animales obtienen nitrógeno al comer plantas, las cuales contienen este elemento.

Nódulos de las raíces

● Bacterias útiles

Las bacterias en el suelo fijan el nitrógeno atmosférico, el cual entra en la cadena alimenticia a través de las raíces de las plantas.

Lombriz

● Conversión II

Las bacterias convierten los nitratos en nitrógeno elemental. Este paso completa el ciclo.

Ion amonio

Bacteria

Ion nitrito

Bacteria

Ion nitrato

¿Pueden doblarse los metales?

Los metales pueden ser alargados, estirados como delgados alambres, o amartillados o enrollados sin romperse. Esta flexibilidad viene dada por su estructura básica. Los átomos de metal están dispuestos en filas ordenadas, compartiendo electrones con los átomos vecinos. Debido a que están enlazados de esta forma, los átomos forman una especie de malla, y fácilmente se reordenan cuando son objeto de una fuerza exterior o de una compresión. Sólo cuando la fuerza exterior excede la capacidad del átomo para responder es cuando se podrá romper. Las propiedades de los metales que les permiten ser moldeados también los convierten en un material industrial ideal.

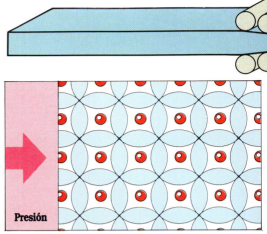

Unidos estrechamente, los átomos de los metales comparten electrones. El enrejado metálico se dobla en respuesta a la presión, manteniendo los enlaces muy fuertes.

Modelando una viga

El aluminio caliente es transformado en vigas por una máquina que empuja el metal a través de un molde, en este caso una lámina metálica perforada. La forma de la perforación determina cómo será la sección del metal estirado.

Viga moldeada

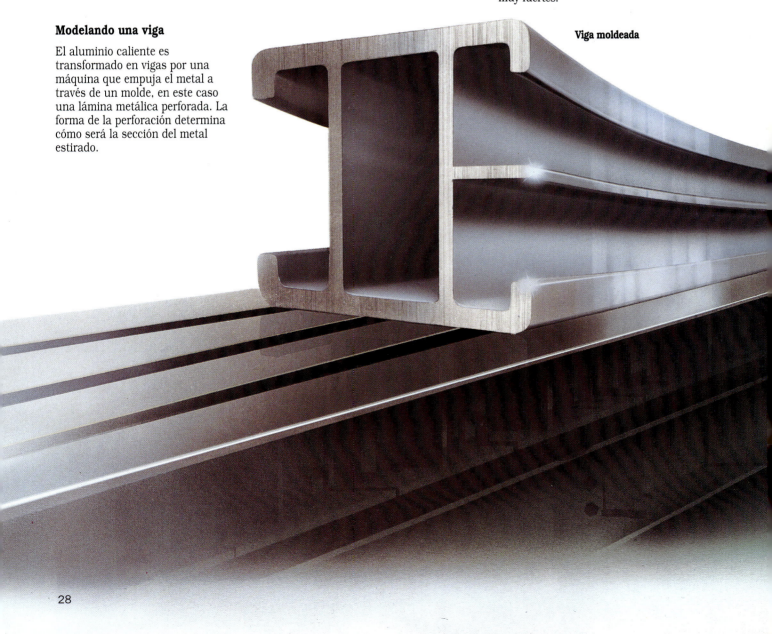

Fabricación de láminas de metal

Unos rodillos graduados aplican presión a una plancha de metal, haciendo que sus átomos se deslicen entre ellos y reordenando su alineamiento. Como resultado se obtiene una fina lámina de metal *(debajo)*.

Rodillos de presión

Los átomos se reagrupan y permanecen unidos.

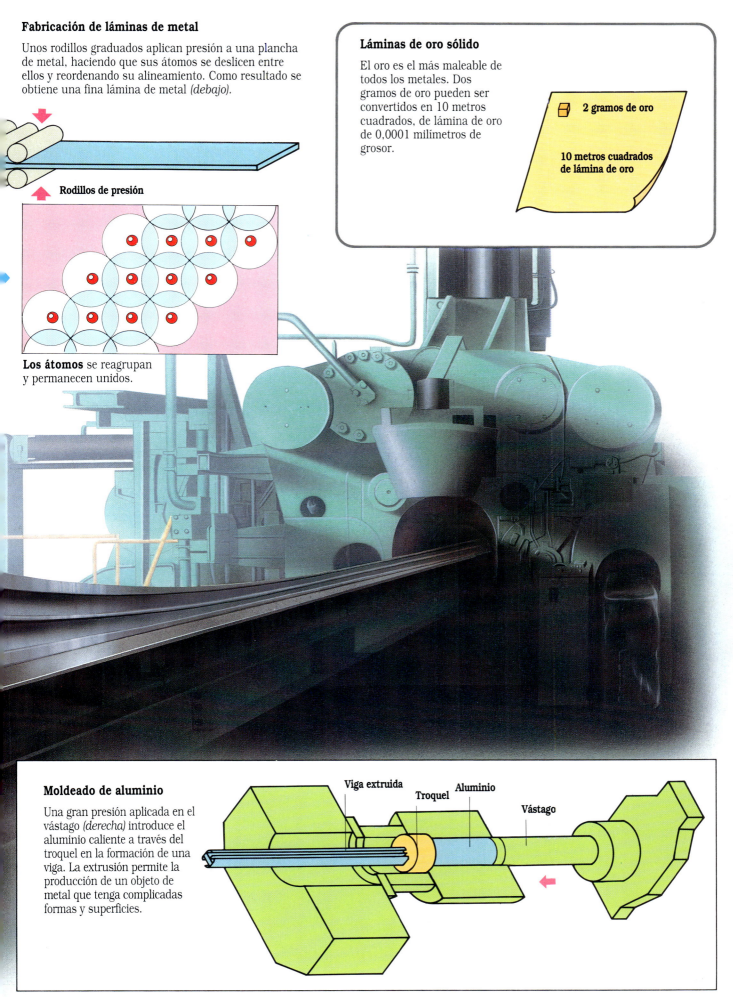

Moldeado de aluminio

Una gran presión aplicada en el vástago *(derecha)* introduce el aluminio caliente a través del troquel en la formación de una viga. La extrusión permite la producción de un objeto de metal que tenga complicadas formas y superficies.

Viga extruida **Troquel** **Aluminio** **Vástago**

¿Qué hace que la goma sea elástica?

La goma puede extenderse, doblarse y comprimirse, y luego volver a su forma inicial porque sus moléculas están organizadas. La goma es un producto natural extraído de ciertos tipos de árboles. La materia prima es un coloide llamado látex, el cual es viscoso y de color lechoso. Al ser tratadas químicamente con azufre en un proceso llamado vulcanización, las moléculas de goma se enlazan formando filamentos, o polímeros, los cuales están constituidos por átomos de carbono e hidrógeno. Estas cadenas de polímeros están entrelazadas. Debido a que los enlaces entre las moléculas de los polímeros pueden tener algún movimiento, el entramado flexible que éstos forman se expande cuando están sujetos a fuerzas externas. Cuando las fuerzas externas actúan, los enlaces químicos en las cadenas ejercen una fuerza contraria que provoca que la goma retorne a su forma original.

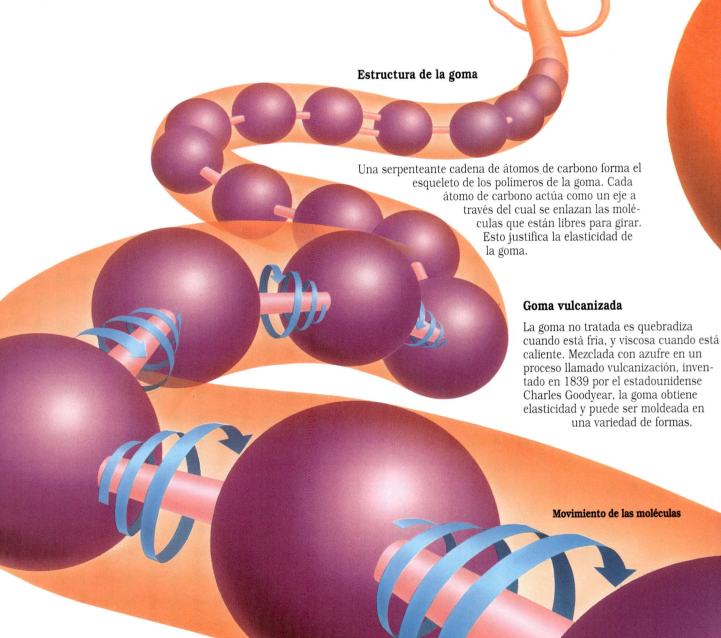

Estructura de la goma

Una serpenteante cadena de átomos de carbono forma el esqueleto de los polímeros de la goma. Cada átomo de carbono actúa como un eje a través del cual se enlazan las moléculas que están libres para girar. Esto justifica la elasticidad de la goma.

Goma vulcanizada

La goma no tratada es quebradiza cuando está fría, y viscosa cuando está caliente. Mezclada con azufre en un proceso llamado vulcanización, inventado en 1839 por el estadounidense Charles Goodyear, la goma obtiene elasticidad y puede ser moldeada en una variedad de formas.

Movimiento de las moléculas

Dentro de un globo de goma

Cuando se introduce aire dentro del globo, la goma se estira y las moléculas de goma se enderezan. Los enlaces entrelazados entre las moléculas, cubiertos por los átomos de azufre, fortalecen la estructura.

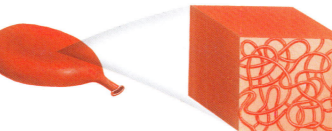

Los polímeros en reposo, como en el globo vacío de arriba a la izquierda, están estrechamente entrelazados.

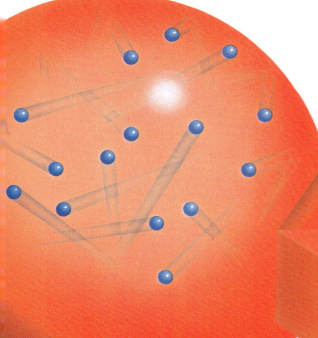

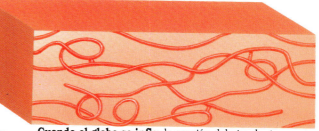

Cuando el globo se infla, la presión del aire dentro causa un estiramiento en los polímeros de la goma.

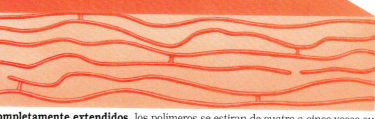

Completamente extendidos, los polímeros se estiran de cuatro a cinco veces su longitud. Cuando la presión cesa, el polímero retrocede a su retorcida forma original.

Estructura contra cadena

Los átomos de metal, con su estructura ordenada *(arriba, izquierda),* se recomponen ellos mismos bajo presión, pero más allá de un cierto límite no pueden recuperar su posición. Las cadenas de moléculas de goma, sin embargo, vuelven a su forma inicial.

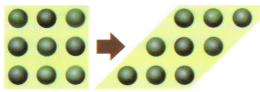

Los átomos de metal cambian de posición, pero después permanecen fijos.

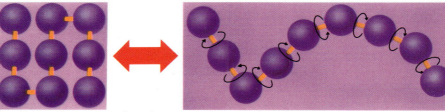

Los átomos de goma cambian de posición, después rebotan.

2
Cambios en la materia

La mayoría de los sucesos cotidianos implican cambios imperceptibles entre las moléculas y los átomos que forman la materia. La ropa mojada sobre una cuerda de tender se seca. El hielo se funde para convertirse en agua. El agua hirviendo se vuelve vapor. En cada caso, la estructura ordinaria de las moléculas de agua consiste en dos átomos de hidrógeno y un átomo de oxígeno, reordenados en diferentes procesos llamados cambios de fase. Dependiendo de condiciones como la temperatura y la presión, el agua y otras formas de materia pueden existir como un sólido, un líquido o un gas. Cualquier cambio en alguna de estas condiciones puede alterar la forma y las propiedades de una sustancia. Por ejemplo, al nivel del mar, el agua se vuelve vapor a la temperatura de 100 °C. Pero a mayor altitud, donde hay menos presión atmosférica, el agua hierve a menor temperatura. Otras sustancias tienen los cambios de fase a distintas temperaturas y en distintos procesos. A temperatura ambiente, el dióxido de carbono congelado, también conocido como hielo seco, cambia directamente de sólido a gas, en un proceso denominado sublimación, sin fundirse primero. Sin embargo, el dióxido de carbono puede convertirse en líquido si las condiciones de presión y temperatura son las correctas. Este capítulo examina estos y otros cambios en la materia que servirán para comprender mejor el comportamiento de las moléculas y los átomos.

El agua tiene propiedades únicas debido a la forma en que sus moléculas están unidas entre sí. Cuando el calor libera los enlaces, el hielo se transforma en agua, y el agua, en vapor. Aquí se muestra cómo la molécula de H_2O consta de hidrógeno (*rosa*) y oxígeno (*azul*).

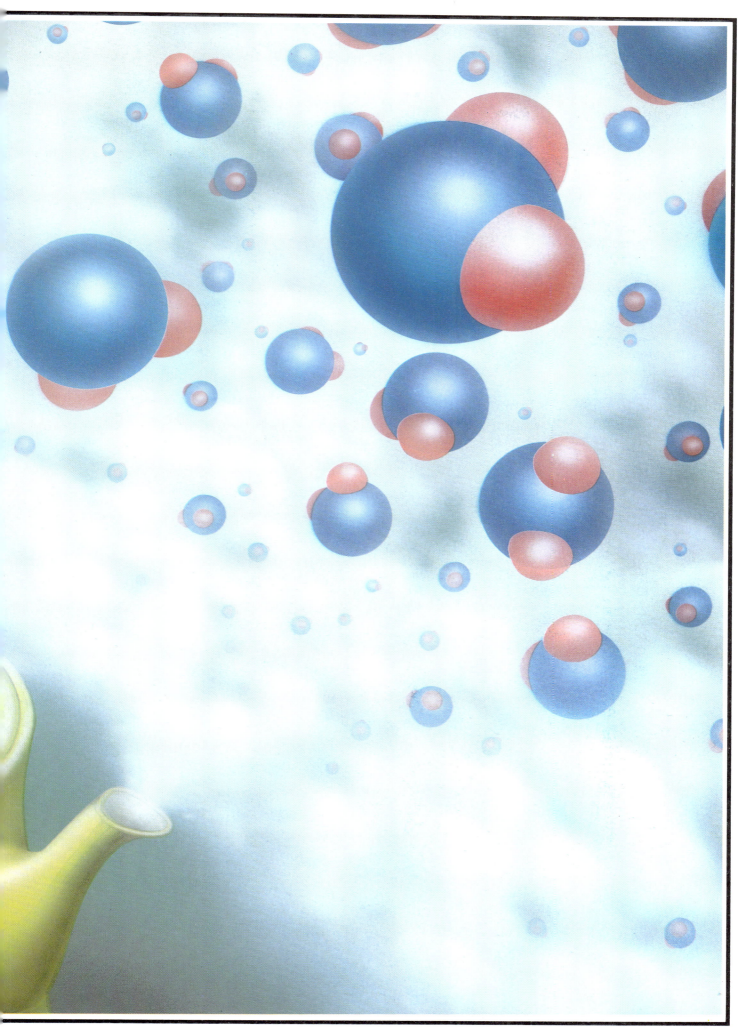

¿Cómo se convierte el agua en hielo o en vapor?

De todas las sustancias de la Tierra, sólo el agua puede existir en todos los estados de la materia en condiciones naturales; esto es, como gas, como sólido o como líquido. Pero en cualquier estado en que se encuentre, cada molécula de agua consta de un átomo de oxígeno y dos átomos de hidrógeno; sólo cambia su comportamiento molecular. Cuando el agua se congela, se transforma en sólido. Las moléculas de agua se alinean una con otra para formar una rígida estructura que da al hielo una baja densidad. Las moléculas no pueden moverse libremente debido a que las fuerzas intermoleculares que actúan entre ellas son mayores que la energía cinética disponible para impulsarlas en movimiento. Cuando la temperatura supera los 0 °C, el calor debilita las fuerzas que mantienen las moléculas unidas, y éstas fluyen libremente,

transformándose en un líquido. Aunque las moléculas mantienen una débil ligazón molecular, la energía cinética proporcionada por el calor mantiene a las moléculas en constante movimiento. Si la temperatura se incrementa, el movimiento de las moléculas alcanza mayor libertad. Finalmente, a 100 °C, la energía cinética supera completamente la energía de las fuerzas intermoleculares y las moléculas rompen su ligazón, escapando por el aire. El líquido se ha convertido en gas. El vapor de agua, que es un gas, tiene la menor densidad de cualquier estado de la materia. Si el agua está en una bolsa de plástico, se expandirá y romperá la bolsa al transformarse en vapor. Esto ocurre porque el volumen de un gas es mayor que el volumen del estado sólido o líquido de la misma sustancia.

Los tres estados del agua

Temperatura

En el estado líquido, las moléculas de agua *(bolas azules)* están unidas en una forma débil entre sí, deslizándose libremente una alrededor de otra. La debilidad de las fuerzas intermoleculares permite que los líquidos fluyan.

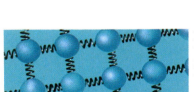

En el hielo, las fuerzas intermoleculares unen las moléculas de agua en una rígida estructura. Estas moléculas mantienen esta estructura a temperaturas por debajo de los 0 °C.

Líquido

Sólido

0 °C

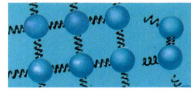

Cuando el hielo empieza a fundirse, a 0 °C, el incremento en la energía cinética supera el valor de las fuerzas intermoleculares, y las moléculas se separan. El sólido se convierte en un líquido.

Tiempo

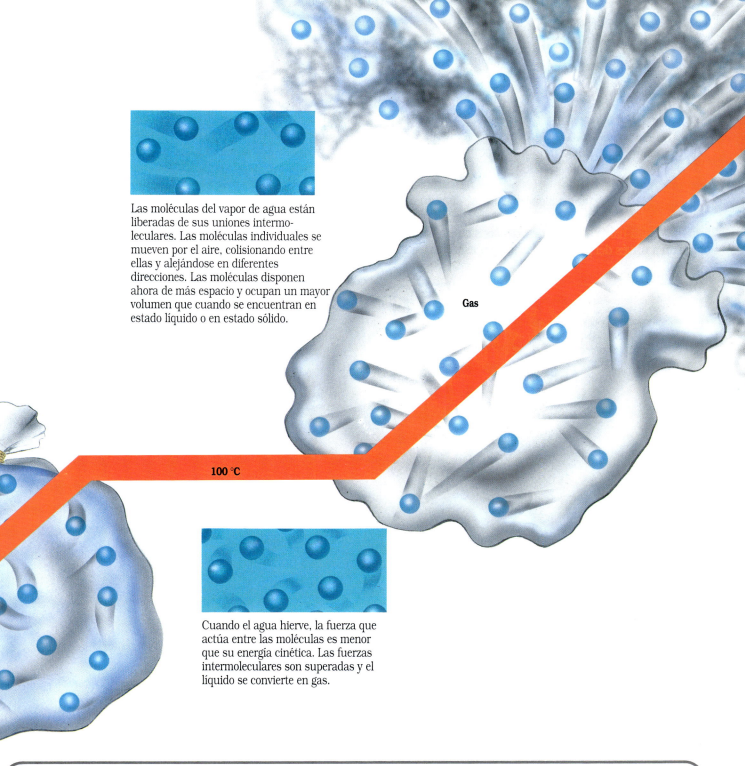

Las moléculas del vapor de agua están liberadas de sus uniones intermoleculares. Las moléculas individuales se mueven por el aire, colisionando entre ellas y alejándose en diferentes direcciones. Las moléculas disponen ahora de más espacio y ocupan un mayor volumen que cuando se encuentran en estado líquido o en estado sólido.

Gas

100 °C

Cuando el agua hierve, la fuerza que actúa entre las moléculas es menor que su energía cinética. Las fuerzas intermoleculares son superadas y el líquido se convierte en gas.

Congelación y volumen

El agua tiene su mayor densidad a 4 °C. Entre 4 y 0 °C, las moléculas empiezan a unirse. A 0 °C forman una rígida estructura *(segundo recuadro de la derecha)* y se convierten en hielo. Debido a su forma, las moléculas de agua se agrupan más cuando están enlazadas débilmente, como en un líquido, que cuando lo están de manera fuerte, como en el hielo; esto explica que la densidad sea mayor en los líquidos.

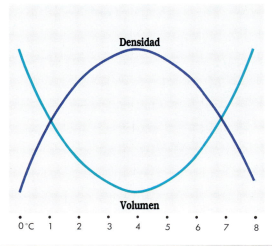

Densidad

Volumen

0 °C 1 2 3 4 5 6 7 8

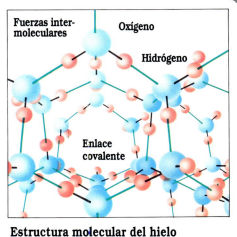

Fuerzas intermoleculares

Oxígeno

Hidrógeno

Enlace covalente

Estructura molecular del hielo

¿Por qué no se derrite el hielo seco?

A nivel del mar, donde la presión atmosférica es de una atmósfera, el agua empieza a hervir a 100 °C y se transforma en gas. A mayor altitud, donde la presión es menor, el agua hierve a una temperatura inferior. De manera similar, el hielo seco, o dióxido de carbono (CO_2) congelado, cambia a una atmósfera y temperatura ambiente de sólido a gas sin fundirse. El dióxido de carbono es líquido sólo a más de 5,1 atmósferas, como en el caso de los extintores. Cuando es liberado en el aire a una atmósfera, el dióxido de carbono se convierte en gas. La presión determina, a una cierta temperatura, si una sustancia será sólido, líquido o gas. El diagrama inferior muestra que el estado de una sustancia se debe a unas particulares combinaciones de temperatura y presión. Las líneas divisorias muestran dónde ocurren los cambios de fase. Dos fases están en equilibrio en su límite. En esta línea, las moléculas pueden moverse de una fase a otra sin cambios de temperatura. Donde los límites sólido–gas, sólido–líquido y líquido–gas se encuentran, se conoce como punto triple. Los tres estados de la materia están en equilibrio en este punto, y puede ser transformada de un estado a otro.

Diagramas de fase

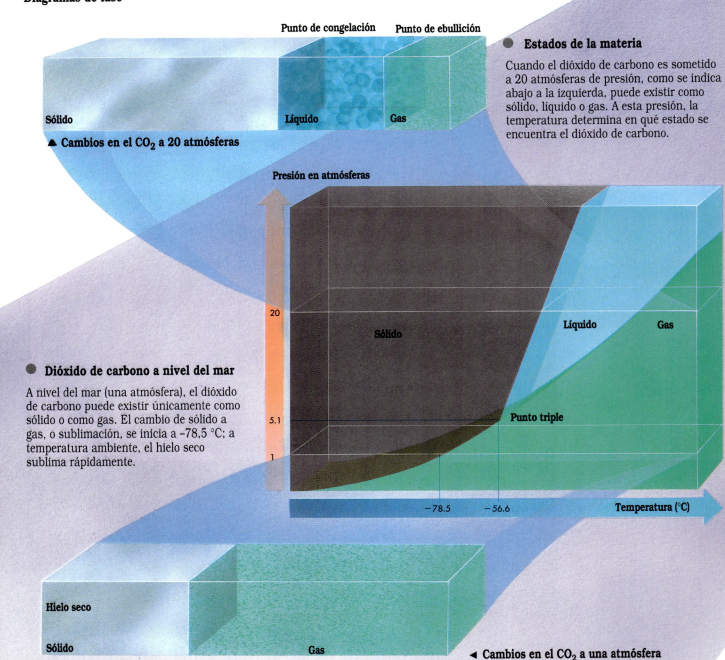

Punto de congelación   Punto de ebullición

Sólido   Líquido   Gas

▲ Cambios en el CO_2 a 20 atmósferas

● **Estados de la materia**

Cuando el dióxido de carbono es sometido a 20 atmósferas de presión, como se indica abajo a la izquierda, puede existir como sólido, líquido o gas. A esta presión, la temperatura determina en qué estado se encuentra el dióxido de carbono.

Presión en atmósferas

20

5.1

1

Sólido   Líquido   Gas

Punto triple

−78.5   −56.6   Temperatura (°C)

● **Dióxido de carbono a nivel del mar**

A nivel del mar (una atmósfera), el dióxido de carbono puede existir únicamente como sólido o como gas. El cambio de sólido a gas, o sublimación, se inicia a –78,5 °C; a temperatura ambiente, el hielo seco sublima rápidamente.

Hielo seco

Sólido   Gas

◄ Cambios en el CO_2 a una atmósfera

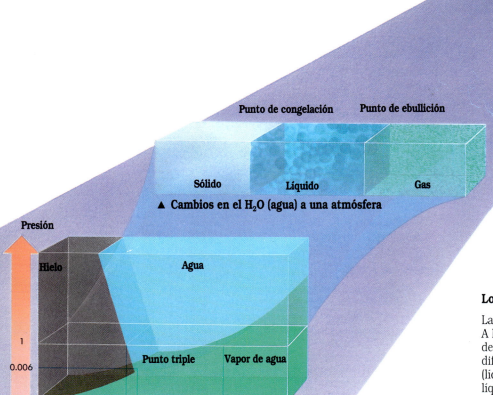

Punto de congelación   Punto de ebullición

Sólido   Líquido   Gas

▲ **Cambios en el H$_2$O (agua) a una atmósfera**

Presión

Hielo   Agua

1

0.006

Punto triple   Vapor de agua

0   0.01   100

Temperatura (°C)

● Hielo, agua y vapor

A la presión de una atmósfera, el agua puede ser sólida, líquida o gas. El diagrama de fase inferior muestra la temperatura a la que se producen cambios. A 0 °C, el agua cambia de sólido a líquido; a 100 °C de líquido a gas. A menor presión atmosférica, el agua se transforma de sólido a gas.

Los tres estados de la materia

La materia puede existir en tres estados. A los cambios de un estado a otro se les denomina fusión (sólido a líquido), solidificación (líquido a sólido), vaporización (liquido a gas), condensación (gas a líquido), sublimación (sólido a gas), o condensación (gas a sólido).

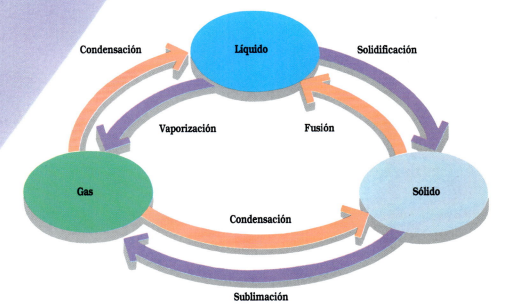

Condensación   Líquido   Solidificación

Vaporización   Fusión

Gas   Sólido

Condensación

Sublimación

El hielo seco, o dióxido de carbono congelado, sublima a temperatura ambiente para formar un gas incoloro.

A temperaturas por debajo de los 0 °C, el vapor de agua se condensa y forma cristales de hielo, o escarcha.

A temperaturas y presiones bajas, el vapor de agua se condensa formando gotas de agua o cristales de hielo que constituyen las nubes.

¿Cómo mantiene la sal el agua congelada?

Cada invierno los lagos y las corrientes de agua se congelan, mientras que el agua salada de los océanos permanece líquida, excepto en las frías regiones polares. En parte este fenómeno es debido a que el agua pura se congela a 0 °C, pero el agua salada de los océanos lo hace a una temperatura más baja, a –18 °C.

Cuando la sal se disuelve en el agua, los iones cloruro y sodio (*páginas 18 y 19*) se adhieren a algunas moléculas de agua. Estos iones ocupan un espacio adicional y mantienen la red cristalina del hielo más estructurada que la del agua pura. Los iones también interaccionan con las moléculas de agua y rompen las conexiones que mantienen a las moléculas juntas. La energía requerida para romper estas fuerzas intermoleculares consume calor de las moléculas del agua, originando un descenso en la temperatura del agua. Con el tiempo se alcanza un nuevo equilibrio, y el calor no se desprende más allá de las moléculas de agua. Por ejemplo, si se mezclan 33 gramos de sal con 100 gramos de hielo, el equilibrio se restablece a la temperatura de –21,2 °C, y el líquido se congela en este punto. La sal y otras sustancias que reducen el punto de congelación de la materia son conocidas como criógenos.

–30 °C

–70 °C

Nieve y alcohol

El alcohol disminuye el punto de congelación del agua. Si mezclamos nieve y alcohol en una proporción de 100 a 105 , la congelación se daría a –30 °C.

Hielo seco y alcohol

Los químicos utilizan hielo seco para hacer descender el punto de congelación del alcohol a –72 °C, con el fin de controlar las reacciones químicas en sus laboratorios.

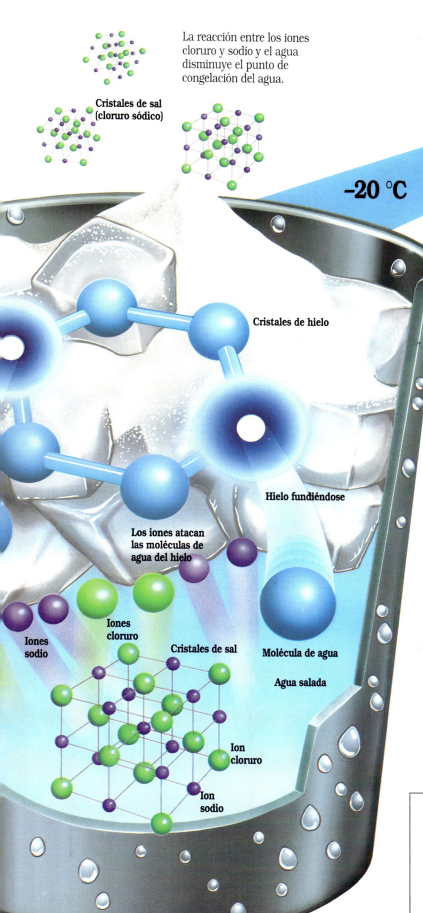

La reacción entre los iones cloruro y sodio y el agua disminuye el punto de congelación del agua.

Cristales de sal (cloruro sódico)

Cristales de hielo

Hielo fundiéndose

Los iones atacan las moléculas de agua del hielo

Iones cloruro

Iones sodio

Cristales de sal

Molécula de agua

Agua salada

Ion cloruro

Ion sodio

Disminución del punto de congelación

0 °C

–20 °C

El hielo se funde a 0 °C

Cuando el hielo se funde

Cuando se añade sal en el agua helada, los iones sodio y cloruro se separan y atacan las moléculas de agua. Los iones rompen las fuerzas intermoleculares que mantienen a las moléculas de agua juntas, y provocan que las moléculas de los cristales de hielo se separen y que el hielo se funda. La energía, o calor, necesaria para deshacer las fuerzas intermoleculares, denominada calor de fusión, procede del agua circundante. Cuando se añade sal en el agua helada, se necesitan 20 calorías por cada gramo de sal disuelta. (Una caloría es la cantidad de energía necesaria para incrementar la temperatura de un gramo de agua en un grado Celsius.) Para fundir un gramo de hielo se necesitan 80 calorías más, que proceden del agua circundante y mantienen la solución líquida y disminuyen su punto de congelación.

Agentes que funden

En invierno, el cloruro sódico o el cloruro de calcio son esparcidos en las carreteras y pavimentos para formar una solución que impida que se forme hielo cuando las temperaturas desciendan de 0 °C.

¿Por qué no se mezclan el agua y el aceite?

Cuando es vertido en el agua, el aceite flota en la superficie y no se mezcla. Un fenómeno denominado polaridad es la causa de que estas moléculas se repelan entre sí. En los átomos, la carga eléctrica positiva del núcleo es equilibrada por la carga negativa de los electrones; como resultado, los átomos no tienen carga eléctrica neta. Pero en las moléculas, formadas cuando los átomos se enlazan, un extremo puede tener una carga positiva, y el otro, una carga negativa, dando como resultado una carga desigual. Las moléculas que poseen este desequilibrio eléctrico se denominan polarizadas, las moléculas que carecen de este desequilibrio no están polarizadas. El agua está constituida por moléculas polarizadas porque los átomos de oxígeno tienen una carga parcial negativa y los átomos de hidrógeno tienen una carga parcial positiva. Por otro lado, las moléculas de aceite, compuestas principalmente de carbono e hidrógeno, son no polarizadas porque tienen idéntica carga positiva en ambos lados. Las moléculas polarizadas se mezclan entre sí, porque sus regiones positiva y negativa se atraen. Las moléculas no polarizadas también se atraen, pero no tan fuertemente. Cuando una sustancia polarizada y otra no polarizada se mezclan, la atracción mutua de las moléculas polarizadas aleja a las moléculas no polarizadas, las cuales también se atraerán. Las dos sustancias permanecen separadas.

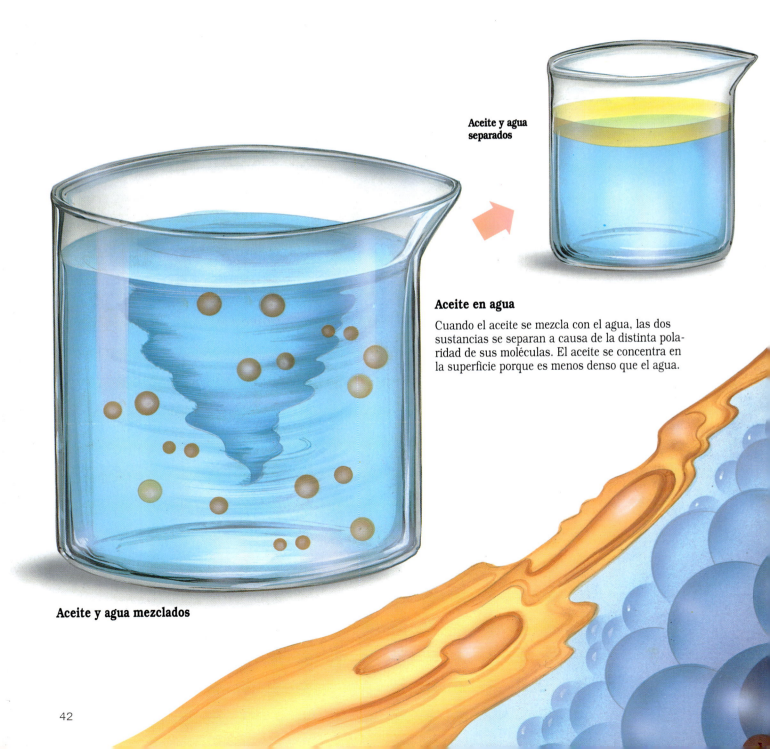

Aceite y agua separados

Aceite en agua

Cuando el aceite se mezcla con el agua, las dos sustancias se separan a causa de la distinta polaridad de sus moléculas. El aceite se concentra en la superficie porque es menos denso que el agua.

Aceite y agua mezclados

Sustancias en el agua

Cuando los sólidos iónicos como la sal se disuelven en agua *(derecha)*, sus cristales son separados en iones positivos y negativos, los cuales son rodeados por moléculas de agua. El etanol *(recuadro de la derecha)* se combina con el agua porque sus moléculas, como las del agua, están polarizadas.

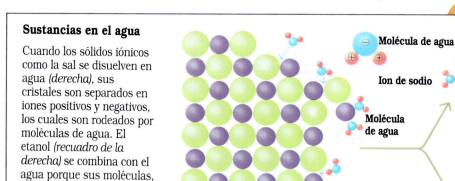

Cloruro sódico

Molécula de agua

Ion de sodio

Molécula de agua

Ion cloruro

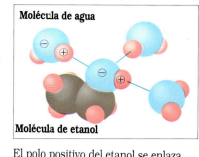

Molécula de agua

Molécula de etanol

El polo positivo del etanol se enlaza con el polo negativo del agua.

La sal se disuelve en el agua, creando iones positivos sodio y iones negativos cloruro.

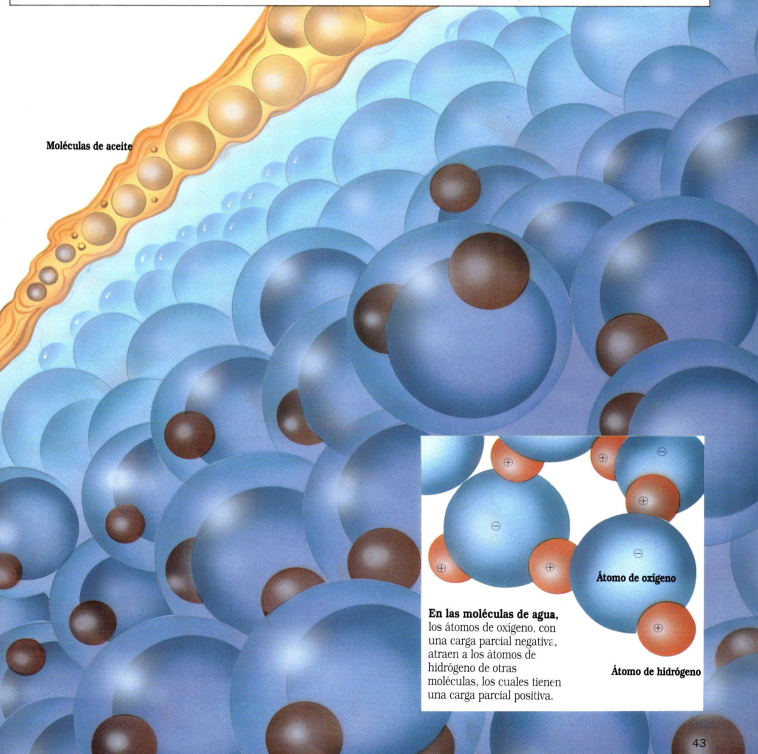

Moléculas de aceite

En las moléculas de agua, los átomos de oxígeno, con una carga parcial negativa, atraen a los átomos de hidrógeno de otras moléculas, los cuales tienen una carga parcial positiva.

Átomo de oxígeno

Átomo de hidrógeno

43

¿Por qué la mayoría de los elementos son sólidos?

De los 109 elementos conocidos, 92 se encuentran en la Tierra en forma natural y más del 80 % de estos elementos aparecen en estado sólido. Aunque una pequeña parte de los elementos, como el oxígeno, existen como gases, y dos, el mercurio y el bromo, aparecen como líquidos, la mayoría son sólidos debido a las condiciones de temperatura y presión en este planeta. La temperatura media en la superficie de la Tierra es de 15 °C, y el punto de fusión de la mayoría de los elementos está a más alta temperatura a la presión de una atmósfera. En Venus, donde la temperatura de la superficie es de 500 °C, algunos elementos que en la Tierra son sólidos se encuentran en estado líquido. En el Sol —donde la temperatura de la superficie, aproximadamente 6.000 °C, es mayor que el punto de ebullición de cualquier elemento— todos están en estado gaseoso. En las lunas de Saturno, Urano y Neptuno, la temperatura en la superficie está por debajo de los –200 °C, siendo inferior al punto de fusión de cualquier elemento. Por este motivo, el nitrógeno aparece como un sólido helado en alguno de estos mundos mientras que es un gas en la Tierra.

■ Sólido, líquido o gas

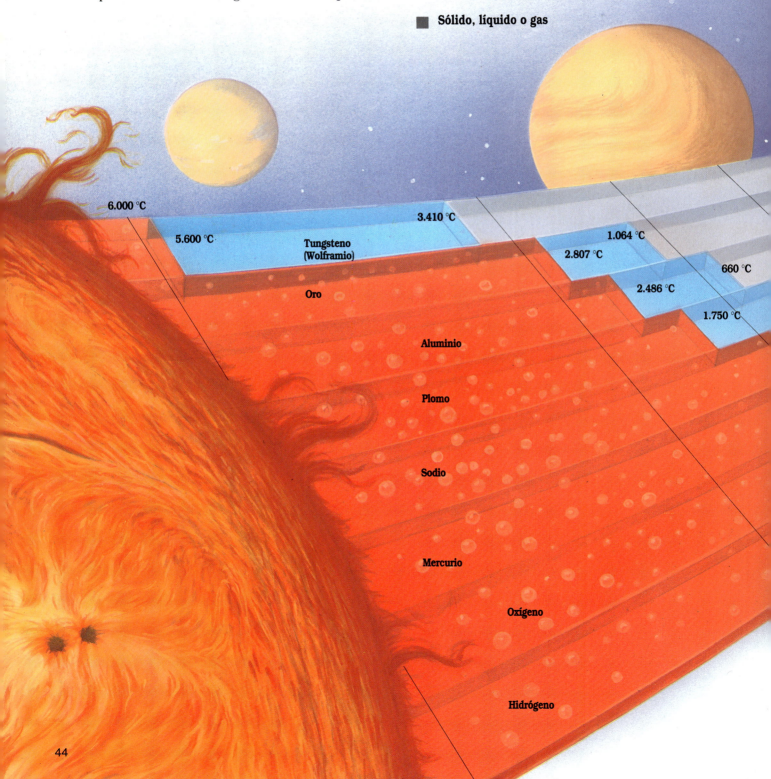

6.000 °C

5.600 °C

3.410 °C

Tungsteno
(Wolframio)

1.064 °C

2.807 °C

660 °C

Oro

2.486 °C

1.750 °C

Aluminio

Plomo

Sodio

Mercurio

Oxígeno

Hidrógeno

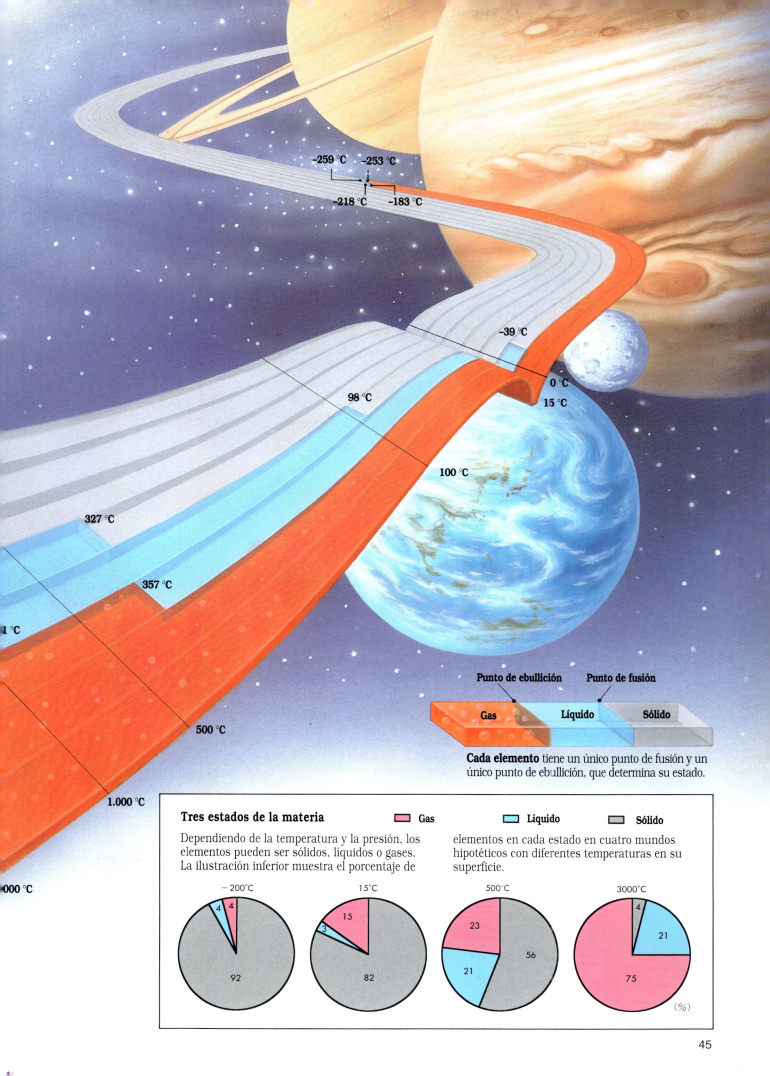

−259 °C   −253 °C

−218 °C   −183 °C

−39 °C

0 °C

15 °C

98 °C

100 °C

327 °C

357 °C

1 °C

500 °C

1.000 °C

000 °C

Punto de ebullición   **Punto de fusión**

Gas   **Líquido**   **Sólido**

Cada elemento tiene un único punto de fusión y un único punto de ebullición, que determina su estado.

Tres estados de la materia

Gas   Líquido   Sólido

Dependiendo de la temperatura y la presión, los elementos pueden ser sólidos, líquidos o gases. La ilustración inferior muestra el porcentaje de elementos en cada estado en cuatro mundos hipotéticos con diferentes temperaturas en su superficie.

− 200°C

4   4

92

15°C

15

3

82

500°C

23

56

21

3000°C

4

21

75

(%)

45

¿Por qué los dirigibles se inflan con helio?

Un barco flota en el agua debido a que el peso del volumen de agua que desplaza es mayor que el peso del barco. El aire es también considerado como un fluido, y una aeronave desplaza un volumen de aire superior en peso al suyo. Un volumen de gas que sea más ligero que el aire desplaza, por tanto, un volumen de aire mayor que su propio peso. La diferencia entre el peso del gas en el dirigible y el peso del aire que éste desplaza es denominada fuerza ascensional. Cuanto mayor es la diferencia, mayor es la fuerza ascensional. A una temperatura de 0 °C y una presión de una atmósfera, un litro de aire pesa 1,29 gramos. Un litro de hidrógeno, el elemento más ligero, pesa sólo 0,09 gramos, y un litro de helio, el segundo gas más ligero, pesa 0,18 gramos. El hidrógeno provoca la mayor fuerza ascensional pero es altamente inflamable; por lo tanto, el helio, más difícilmente inflamable, se utiliza en los dirigibles. Un dirigible inflado con helio desplaza 6.666 metros cúbicos de aire y puede tener una fuerza ascensional igual a 7.400 kilogramos. Suponiendo que el dirigible pese 4.500 kilogramos, sería capaz de transportar una carga de 2.900 kilogramos.

Gases y fuerza ascensional

Peso de un litro de gas

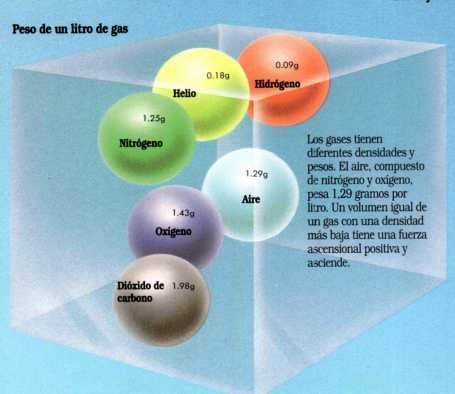

0.18g Helio

0.09g Hidrógeno

1.25g Nitrógeno

1.29g Aire

1.43g Oxígeno

1.98g Dióxido de carbono

Los gases tienen diferentes densidades y pesos. El aire, compuesto de nitrógeno y oxígeno, pesa 1,29 gramos por litro. Un volumen igual de un gas con una densidad más baja tiene una fuerza ascensional positiva y asciende.

Manejo de un dirigible

Además de helio, los dirigibles disponen de compartimentos separados llenos de aire. Cuando se añade aire (1) o se expulsa (2) de los compartimentos delanteros o traseros, el peso de los gases en el dirigible aumenta o disminuye, haciendo que el dirigible descienda o ascienda. Cuando todo el aire es expulsado (3), el dirigible asciende.

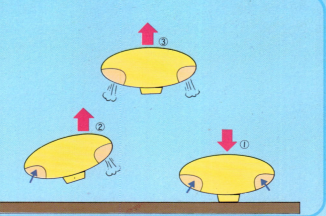

7400 kg

Fuerza ascensional

Helio

Peso del dirigible

4500 kg

Peso del lastre

2900 kg

■ **Fuerza ascensional de un dirigible**

La fuerza ascensional de un dirigible está determinada por la diferencia entre su peso y el peso del aire que desplaza. Cuanto mayor sea la diferencia, mayor es el peso que el dirigible puede transportar.

¿Cómo quita la suciedad el jabón?

El simple acto de lavarse las manos o la ropa con jabón y agua implica unas complicadas interacciones químicas en el campo molecular. Normalmente, en la suciedad de la ropa confluyen al mismo tiempo polvo del aire y materia grasa del cuerpo. Debido a que el agua está polarizada, esto es, tiene una pequeña carga eléctrica *(páginas 42–43)*, y la grasa no está polarizada, es decir no tiene carga, las dos sustancias no se mezclan y el agua sola no puede quitar la suciedad grasienta. Pero las moléculas de jabón tienen un extremo polarizado, conocido como hidrofílico, o soluble en agua, y otro extremo no polarizado, hidrofó-

bico, o no soluble. Trabajando juntas, las dos partes quitan la suciedad. Los extremos hidrofóbicos no polarizados en las moléculas de jabón absorben, o se pegan, a las moléculas no polarizadas de suciedad grasienta. Al mismo tiempo, los extremos hidrofílicos rodean completamente las partículas de suciedad grasienta, formando estructuras esféricas llamadas micelas. Las moléculas de suciedad rodeadas quedan retenidas en suspensión en el agua y así se evita que se peguen de nuevo al tejido. Aclarando el agua jabonosa se eliminan las moléculas de suciedad en suspensión.

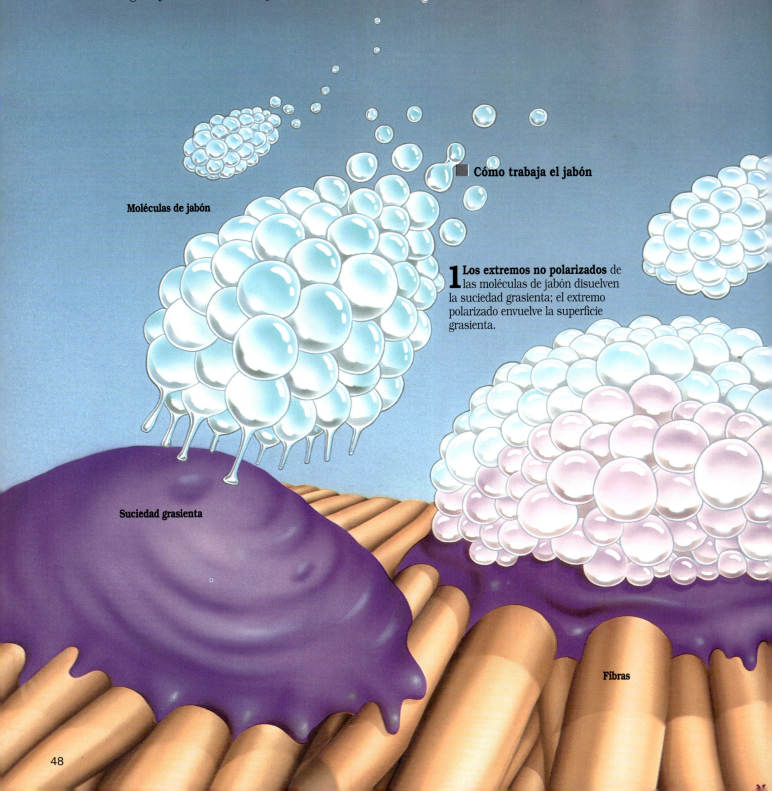

Moléculas de jabón

Cómo trabaja el jabón

1 **Los extremos no polarizados** de las moléculas de jabón disuelven la suciedad grasienta; el extremo polarizado envuelve la superficie grasienta.

Suciedad grasienta

Fibras

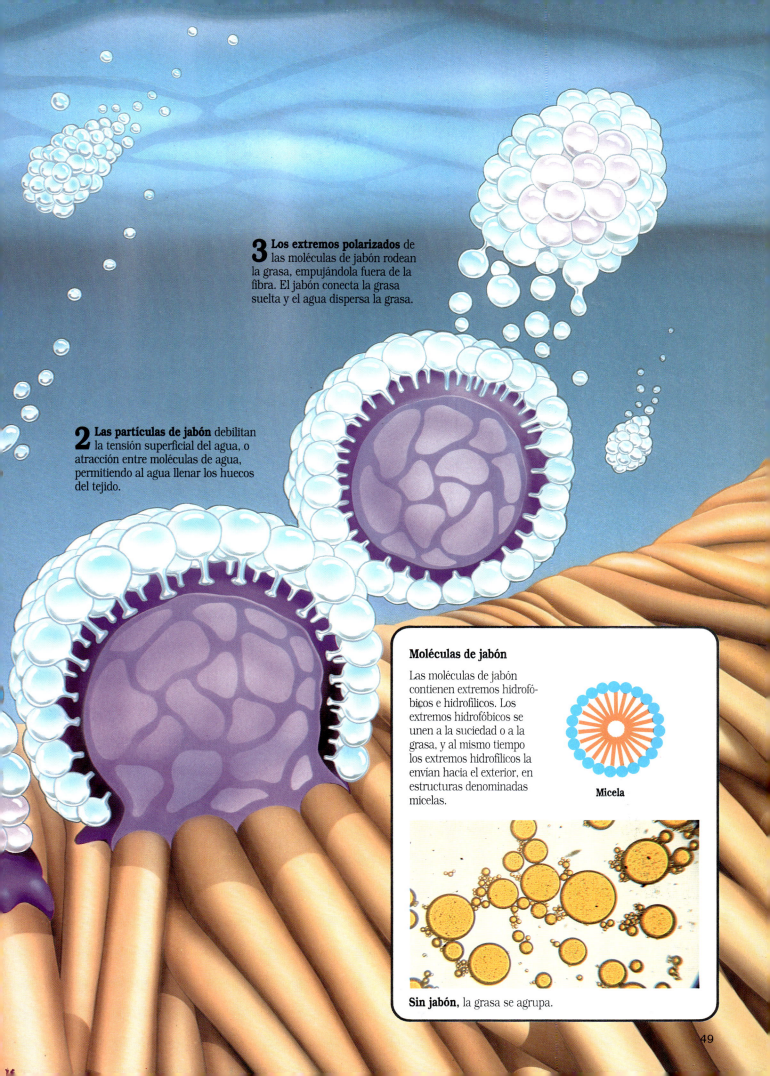

3 Los extremos polarizados de las moléculas de jabón rodean la grasa, empujándola fuera de la fibra. El jabón conecta la grasa suelta y el agua dispersa la grasa.

2 Las partículas de jabón debilitan la tensión superficial del agua, o atracción entre moléculas de agua, permitiendo al agua llenar los huecos del tejido.

Moléculas de jabón

Las moléculas de jabón contienen extremos hidrofóbicos e hidrofílicos. Los extremos hidrofóbicos se unen a la suciedad o a la grasa, y al mismo tiempo los extremos hidrofílicos la envían hacia el exterior, en estructuras denominadas micelas.

Micela

Sin jabón, la grasa se agrupa.

¿Qué produce los colores en los fuegos artificiales?

Inventados hace aproximadamente 2.000 años en China, los fuegos artificiales iluminan el cielo de la noche con espectaculares exhibiciones. Constituyen un ejemplo lleno de color de cómo se comportan los electrones en presencia de un exceso de energía o calor. Cuando una sustancia es calentada por una explosión de pólvora negra, como en este caso, los electrones de sus átomos son excitados y saltan fuera de sus órbitas estables —sus estados de equilibrio— hasta nuevas órbitas con niveles de mayor energía. Pero este estado es inestable, y los electrones retornan rápidamente a sus órbitas normales. En el proceso, liberan una cantidad de energía, o fotones, en forma de luz visible. Ésta es la luz que dibuja estelas en el cielo cuando los fuegos artificiales estallan. El color de la luz depende de la composición de los fuegos artificiales. Cada componente de un cartucho produce una energía luminosa con una longitud de onda única y un color específico. En los fuegos artificiales, los compuestos de sodio se utilizan para producir la luz amarilla; las sales de litio y estroncio, para la luz roja; cobre, para la azul, y bario, para la verde. La combinación de color y sonido crea un emocionante espectáculo de luces multicolores.

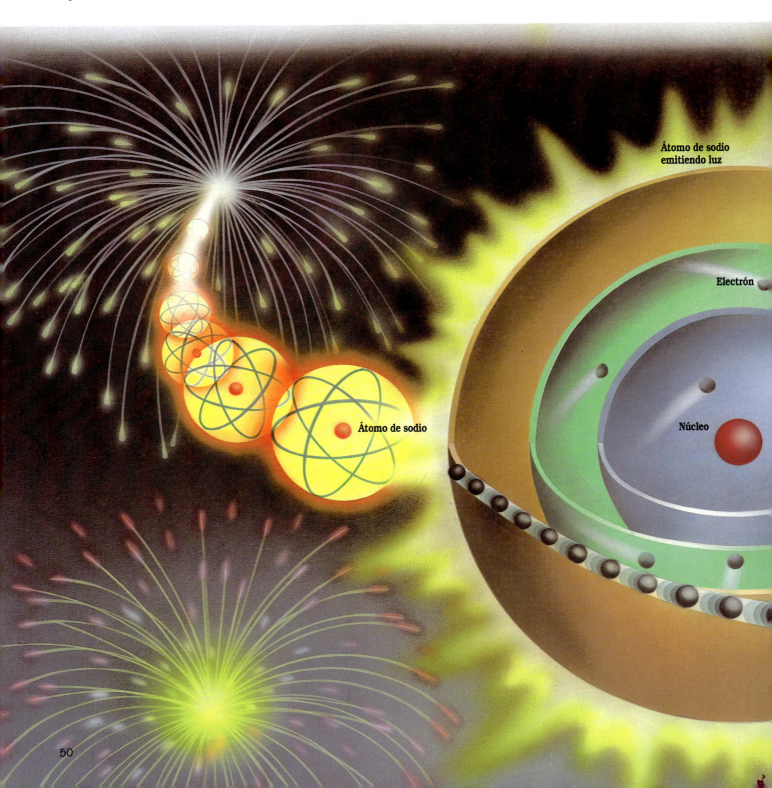

Átomo de sodio emitiendo luz

Electrón

Núcleo

Átomo de sodio

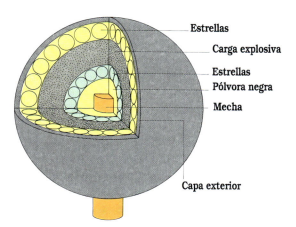

Estrellas

Carga explosiva

Estrellas

Pólvora negra

Mecha

Capa exterior

Cómo arden los fuegos artificiales

Los cartuchos de fuegos artificiales contienen una mezcla de pólvora negra y otros compuestos que producen luz. Una mecha enciende los propulsores de pólvora negra que lanzan el cartucho al aire. Después de un tiempo de combustión de la mecha estalla una carga explosiva. Cuando la pólvora se quema, los residuos o estrellas de sal colorean las llamas formando brillantes diseños.

Color y longitud de onda

El color de los fuegos artificiales depende de las sustancias que contienen. Cuando algunos metales se queman, cada uno produce una llama con una coloración distintiva: roja para el litio, amarilla para el sodio, verde para el bario y azul para el cobre.

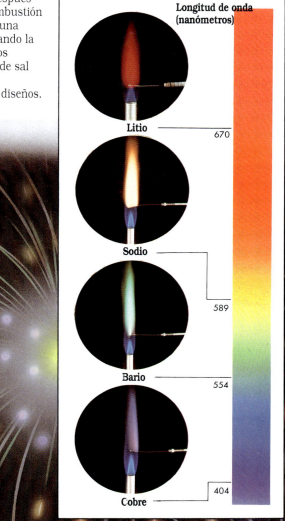

Longitud de onda (nanómetros)

Litio — 670

Sodio — 589

Bario — 554

Cobre — 404

Electrón descendiendo a su órbita normal

Emisión de luz

Electrón excitado

■ Electrones excitados

La energía calorífica provoca que los electrones de un átomo salten a una nueva órbita con mayor nivel de energía. Sin embargo, rápidamente retornan a su órbita normal, emitiendo una cantidad de luz con una longitud de onda específica. En este caso, un átomo de sodio emite luz amarilla.

¿Cómo se pueden eliminar los malos olores?

Tanto los buenos como los malos olores son causados por moléculas liberadas desde la superficie de diversas sustancias. Un pescado fresco apenas huele, pero las bacterias que lo descomponen pueden producir moléculas muy olorosas. Los receptores olfativos de la nariz detectan inmediatamente algunas de estas moléculas. Los olores pueden ser eliminados física, química o biológicamente.

Para la eliminación física de los olores, se usan filtros de carbón activado, como en el refrigerador que se muestra en la parte inferior. Un diminuto cristal de carbono activado contiene incontables agujeros, o poros, que dan al cristal una gran superficie en relación con su volumen. Las moléculas olorosas que flotan en las corrientes de aire colisionan con las partículas de carbón y quedan atrapadas en los poros. Otros agentes que funcionan de una forma similar son el gel de sílice y la bauxita activada.

Los olores pueden ser eliminados químicamente usando ácidos para neutralizar los olores alcalinos y álcalis para neutralizar los olores ácidos. No obstante, sólo un número limitado de sustancias pueden ser tratadas químicamente.

Para la eliminación biológica de los olores, se utilizan microorganismos que rompen las moléculas olorosas, convirtiéndolas en no olorosas. Los agentes biológicos están limitados, sin embargo, por condiciones como la temperatura. Debido a estas limitaciones, el carbono activado es el método más efectivo para eliminar los olores.

Carbono activado

El carbono activado se fabrica a partir de materiales orgánicos, como la cáscara de coco o huesos de animales, los cuales son carbonizados, o quemados a altas temperaturas, y luego tratados con vapor calentado entre 800 y 1.000 °C. Esto produce cristales de carbono con una superficie rugosa, que contienen miles de poros microscópicos. Las moléculas olorosas quedan atrapadas en estos poros y desaparecen del aire.

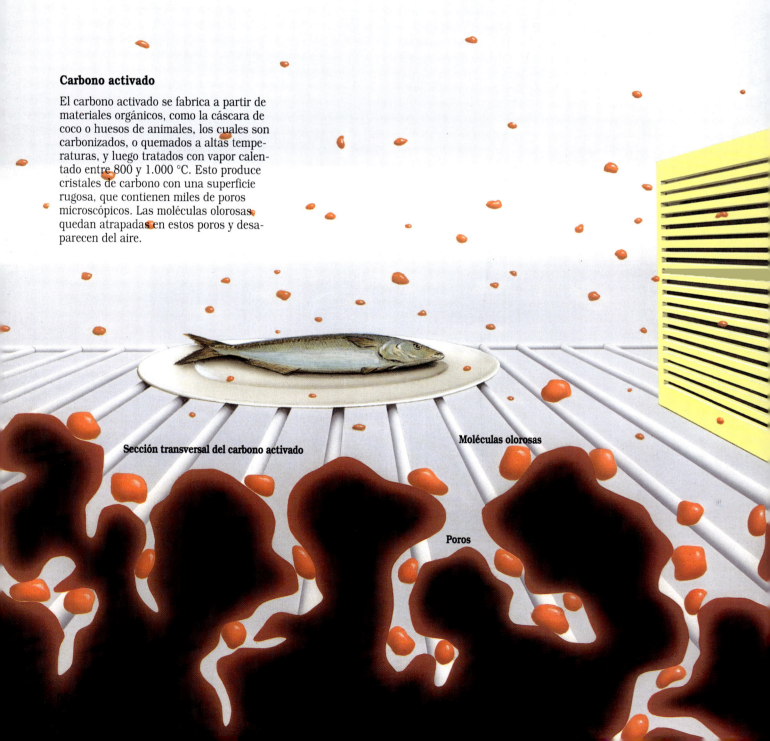

Sección transversal del carbono activado

Moléculas olorosas

Poros

Superficie del carbono activado

Si la superficie de un gramo de carbono activado fuera extendida, podría cubrir una extensión de 2.000 metros cuadrados —aproximadamente el área de un campo de fútbol—. A la derecha, la fotografía realizada con un microscopio muestra el carbono activado aumentado 350 veces. A esta escala, estos pequeños poros parecen los cráteres de la Luna; cada uno es capaz de atrapar moléculas olorosas.

Carbono activado

Otros métodos de eliminación de olores

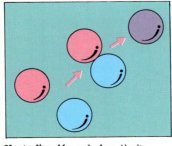

Neutralización química: álcalis *(azul)* y ácidos *(rosa)* se neutralizan entre sí.

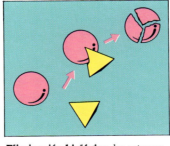

Eliminación biológica: los microorganismos atacan y rompen las moléculas olorosas.

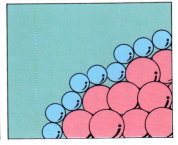

Recubrimiento: las moléculas que producen olores agradables enmascaran a las de olores desagradables.

3
Energía química

Cuando la gasolina se mezcla con el aire y entra en combustión, tiene lugar una rápida y violenta transformación. Esta reacción química produce dióxido de carbono, agua y energía suficiente para mover un coche. Otro grupo de reacciones químicas cambian la glucosa en dióxido de carbono y agua. Aunque estas reacciones son menos violentas que la que afectaba a la gasolina, generan la suficiente energía como para mover el cuerpo humano.

En el universo se producen innumerables tipos distintos de reacciones químicas, y todas implican un cambio en la composición de la materia. Este cambio consiste en el reagrupamiento de los átomos, que forma unas determinadas moléculas y en la rotura de sus complejos enlaces para la formación de nuevos reordenamientos. Cuando el hierro se oxida, por ejemplo, las moléculas de oxígeno reaccionan con átomos de hierro para dar lugar a una nueva sustancia, el óxido de hierro. En este compuesto, los átomos están ordenados de forma distinta que en las moléculas de oxígeno o de hierro. Algunas reacciones necesitan más energía para que se puedan efectuar. En la serie de reacciones químicas conocidas como fotosíntesis, las plantas utilizan la energía de la luz solar para unir seis moléculas de dióxido de carbono a seis moléculas de agua, con lo que se obtiene una molécula de glucosa y seis moléculas de oxígeno.

El lanzamiento de un cohete al espacio requiere un gran aporte de energía para superar la gravedad. Esta energía procede de la rápida reacción química que ocurre cuando se mezcla el carburante con oxígeno y entra en combustión en los motores del cohete.

¿Por qué se oxida el hierro?

En la naturaleza, normalmente el hierro se encuentra en combinación con otros elementos, como el oxígeno; este mineral es conocido como óxido de hierro. Una vez el hierro ha sido extraído de la mena y convertido en acero, reacciona fácilmente con otras sustancias. Cuando entra en contacto con el oxígeno del aire o del agua, el hierro sufre una reacción de oxidación–reducción, o redox, y gradualmente retorna a su forma natural de óxido de hierro. Una reacción redox se produce en dos partes: la oxidación, en la que los átomos pierden electrones, y la reducción, en la que los átomos ganan electrones. Si el hierro es expuesto al agua, como en el caso del buque de la derecha, los átomos de oxígeno disueltos en el agua atraerán los electrones de los átomos de hierro, dando como resultado la aparición de iones de hierro positivos (Fe^{2+}) con carga eléctrica. Los electrones libres resultantes de la parte de la oxidación de la reacción redox provocan el inicio de la parte reductora de la reacción redox: las moléculas de agua (H_2O) reaccionan con los átomos de oxígeno (O_2), ganando electrones y formando iones hidróxilo (OH⁻). Los productos de la reacción redox se combinan en posteriores reacciones para formar óxido de hierro, o herrumbre (Fe_2O_3). La herrumbre es una sustancia quebradiza que fácilmente se descompone en la superficie dejando al descubierto más átomos de hierro, y el proceso vuelve a empezar de nuevo. La formación de herrumbre puede detenerse por la reposición de los electrones que los átomos de hierro pierden mediante la utilización de ánodos especiales o por la aplicación de una corriente de bajo voltaje en el casco del buque para invertir la reacción redox.

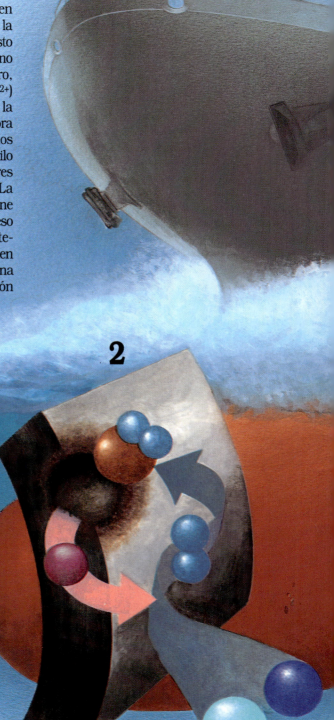

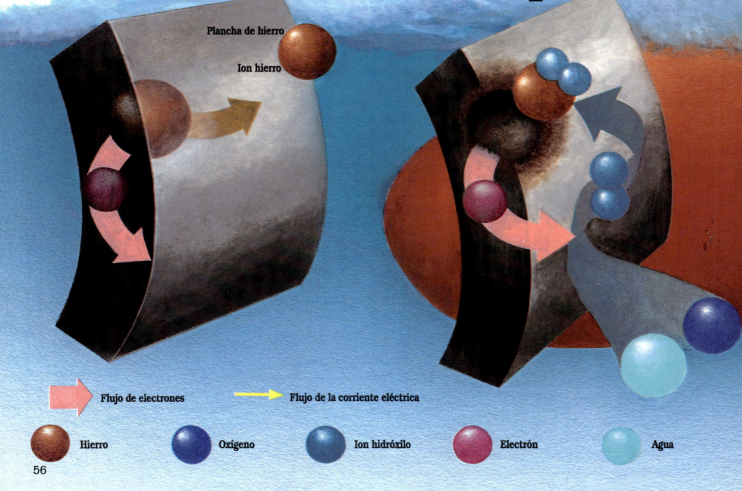

1

Plancha de hierro

Ion hierro

2

➡ **Flujo de electrones**   → **Flujo de la corriente eléctrica**

● **Hierro**   ● **Oxígeno**   ● **Ion hidróxilo**   ● **Electrón**   ● **Agua**

■ Cómo se oxidan las cosas

1 En el polo oxidante, o ánodo, los átomos de hierro reaccionan con el oxígeno del agua, liberando dos electrones y transformándose en iones ferrosos (Fe^{2+}) cargados positivamente. Las reacciones posteriores con el oxígeno y el agua producen iones férricos (Fe^{3+}).

2 En el polo reductor, o cátodo, el agua (H_2O) y el oxígeno disuelto reaccionan con los electrones procedentes del polo oxidante para formar iones hidróxilo negativos (OH^-).

3 Iones férricos (Fe^{3+}) e iones hidróxilo (OH^-) reaccionan para producir herrumbre (Fe_2O_3) y agua (H_2O).

Del mineral al hierro y a la herrumbre

En el mineral natural del hierro, este elemento se encuentra enlazado con el oxígeno formando óxido de hierro. Para obtener hierro puro, el oxígeno es desplazado en un alto horno. Se necesitan más de dos toneladas métricas de mineral para conseguir una tonelada métrica de hierro. Con el tiempo, el hierro se vuelve a combinar con el oxígeno y se convierte en herrumbre.

Mineral de hierro · Hierro recubierto de herrumbre · Hierro

3

Flujo de electrones

■ Interrupción de la herrumbre

Plancha de hierro

Ánodo

Cátodo

− +

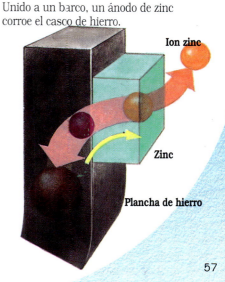

Unido a un barco, un ánodo de zinc corroe el casco de hierro.

Ion zinc

Zinc

Plancha de hierro

Fuente de energía externa

Una corriente de bajo voltaje atraviesa el casco del buque y reemplaza los electrones perdidos.

Ánodo de sacrificio

Debido a que el zinc pierde electrones más rápidamente que el hierro, puede actuar como un ánodo de sacrificio. En la oxidación, los electrones del zinc reemplazan a los electrones perdidos del hierro.

¿Cómo producen electricidad las baterías?

Las baterías de los coches consisten en células electroquímicas que convierten la energía química en energía eléctrica. En el interior de la batería *(derecha)*, las placas negativas, o ánodos, fabricadas de plomo (Pb), y las placas positivas, o cátodos, fabricadas de dióxido de plomo (PbO_2), están sumergidas en una solución de ácido sulfúrico (H_2SO_4). Al girar la llave de contacto se cierra un circuito, y la batería produce electricidad mediante una reacción de oxidación-reducción. En el ánodo, los átomos de plomo pierden dos electrones (e^-) y se convierten en iones plomo cargados positivamente (Pb^{2+}). Los iones de plomo combinan con los iones sulfato (SO_4^{2-}) en la solución de ácido sulfúrico, produciendo sulfato de plomo ($PbSO_4$). En el cátodo, el dióxido de plomo gana electrones liberando oxígeno, el cual se combina con iones hidrógeno para producir agua, y los iones de plomo combinan con los iones sulfato para producir sulfato de plomo. En el transcurso de esta reacción, el flujo de electrones crea una corriente eléctrica. Las cantidades de sulfato de plomo y agua aumentan, y la concentración de ácido sulfúrico y las cantidades de plomo y dióxido de plomo disminuyen. Cuando los reactivos se agotan, la batería deja de producir electricidad. Sin embargo, el proceso puede invertirse al recargar la batería.

Estructura de una batería

Una batería de coche a base de plomo está formada por seis acumuladores, cada uno con un borne positivo y otro negativo. Un acumulador genera dos voltios de energía. Conectados en serie, los seis acumuladores de la batería producen 12 voltios.

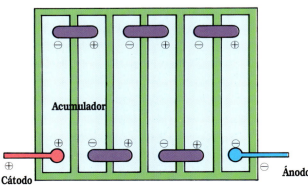

Cátodo
Acumulador
Ánodo

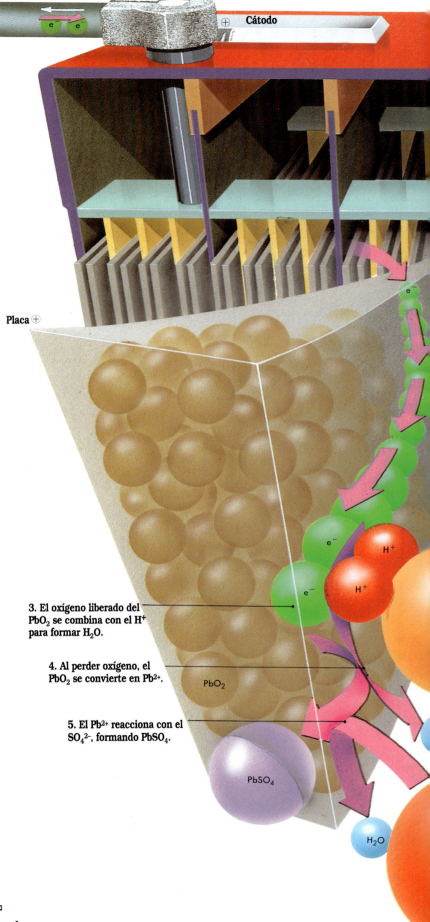

Cátodo

Placa ⊕

3. El oxígeno liberado del PbO_2 se combina con el H^+ para formar H_2O.

4. Al perder oxígeno, el PbO_2 se convierte en Pb^{2+}.

5. El Pb^{2+} reacciona con el SO_4^{2-}, formando $PbSO_4$.

PbO_2

$PbSO_4$

H^+

e^-

H_2O

La química de una batería

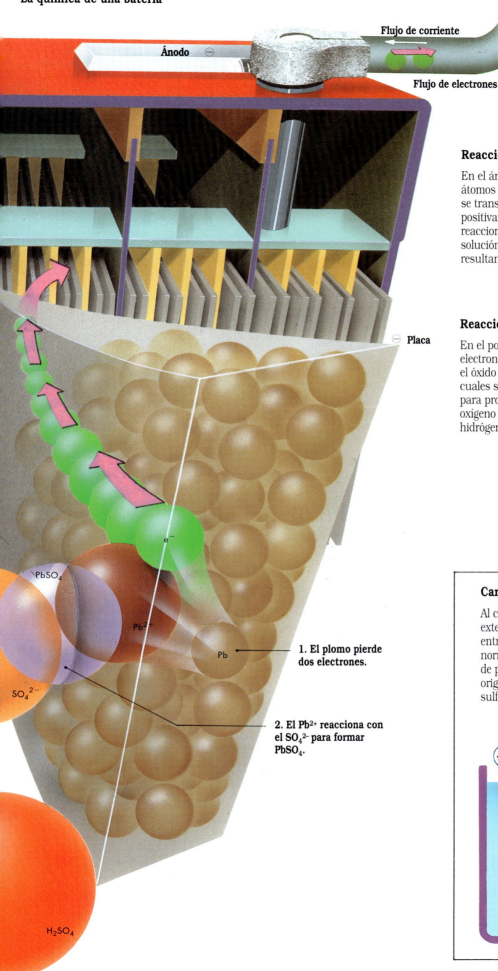

Flujo de corriente

Ánodo ⊖

Flujo de electrones

⊖ Placa

e^-

PbSO$_4$

Pb^{2+}

SO$_4$$^{2-}$

Pb

1. El plomo pierde dos electrones.

2. El Pb^{2+} reacciona con el SO$_4$$^{2-}$ para formar PbSO$_4$.

H$_2$SO$_4$

Reacción anódica

En el ánodo *(parte superior, izquierda)*, los átomos de plomo (Pb) ceden dos electrones y se transforman en iones de plomo cargados positivamente (Pb^{2+}). Los iones de plomo reaccionan con los iones sulfato (SO$_4$$^{2-}$) en la solución de ácido sulfúrico (H$_2$SO$_4$), resultando sulfato de plomo (PbSO$_4$).

Reacción catódica

En el polo positivo *(extremo izquierdo)*, los electrones (e$^-$) reducen los iones de plomo en el óxido de plomo (PbO$_2$), de Pb^{4+} a Pb^{2+}, los cuales se combinan con los iones sulfato para producir sulfato de plomo (PbSO$_4$). El oxígeno liberado se combina con los iones hidrógeno (H$^+$) y produce agua.

Cargando una batería

Al conectar una fuente de corriente eléctrica externa a una batería, la corriente circula entre los polos en la dirección opuesta a la normal de descarga. Esto convierte el sulfato de plomo y el agua en los reactivos originales: plomo, dióxido de plomo y ácido sulfúrico.

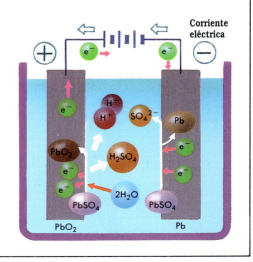

Corriente eléctrica

¿Cómo funciona el motor de un automóvil?

La combustión de la gasolina

1 Admisión. Cuando se produce la admisión, el pistón baja, aspirando dentro del cilindro la mezcla de aire y gasolina vaporizada a través de la válvula de admisión abierta.

2 Compresión. Cuando el pistón sube, comprime la mezcla de gasolina y aire, que eleva la temperatura y presión dentro del cilindro.

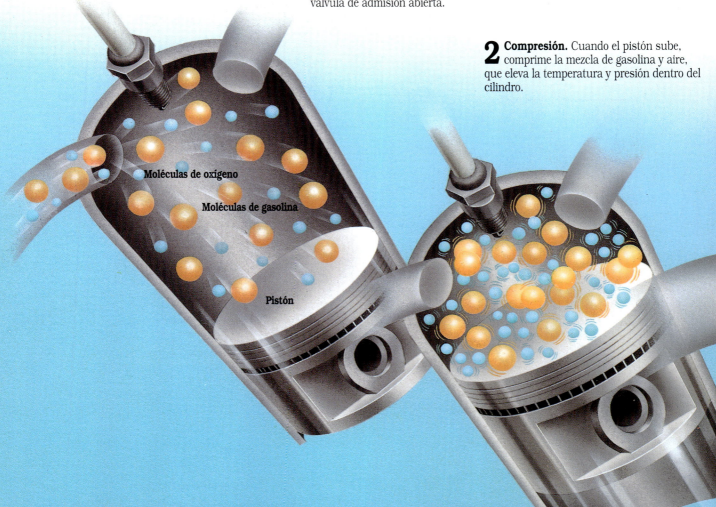

Moléculas de oxígeno

Moléculas de gasolina

Pistón

Cuando un conductor pone en marcha un coche, la corriente eléctrica circula hasta las bujías, las cuales encienden la mezcla de gasolina y aire en los cilindros. Esta combustión arranca el coche. Dentro de los cilindros del motor se produce la combustión en cuatro etapas básicas: admisión, compresión, combustión y escape. Cuando un pistón se mueve hacia abajo, se abre la válvula de admisión, y una mezcla de aire y gasolina vaporizada penetra en el cilindro. La válvula de admisión se cierra cuando el pistón sube de nuevo y comprime la mezcla. La compresión activa las moléculas de gas, alcanzando una temperatura de 393 °C o más. Cuando la bujía produce la combustión de la mezcla altamente presurizada, una explosión controlada provoca la expansión del gas rápidamente, empujando el pistón hacia abajo. En la cuarta y última etapa, la válvula de escape se abre al descender el pistón, provocando la salida de los gases al exterior del cilindro y levantando el pistón hacia el extremo del cilindro para volver a empezar el próximo ciclo. Los movimientos de subida y bajada del pistón transmiten su fuerza a varios engranajes que hacen girar las ruedas.

En un motor diesel, el nivel de compresión es mucho mayor y las bujías no son necesarias, ya que el combustible se quema espontáneamente debido a que su temperatura y presión son mayores.

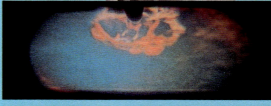

Explosión dentro de un cilindro. Una llama se esparce a partir del punto inicial de combustión.

Bujía

Válvula de admisión

Válvula de escape

Pistón

Cigüeñal

Barra de conexión

Admisión

La válvula de admisión se abre cuando el pistón baja, permitiendo la entrada de aire y carburante.

Compresión

El cigüeñal gira y empuja el pistón hacia arriba, comprimiendo el gas.

Combustión

Una chispa enciende el carburante, que explota y empuja el pistón hacia abajo.

Escape

La válvula de escape se abre al subir el pistón, expulsando los gases.

3 Combustión. Una chispa provoca la reacción del combustible con el oxigeno. El agua y el monóxido de carbono resultantes empujan el pistón hacia abajo.

Bujía

Combustión

4 Escape. La válvula de escape se abre y el pistón se eleva, provocando la salida del vapor y del monóxido de carbono.

¿Cómo se pueden recubrir las superficies?

Plateado

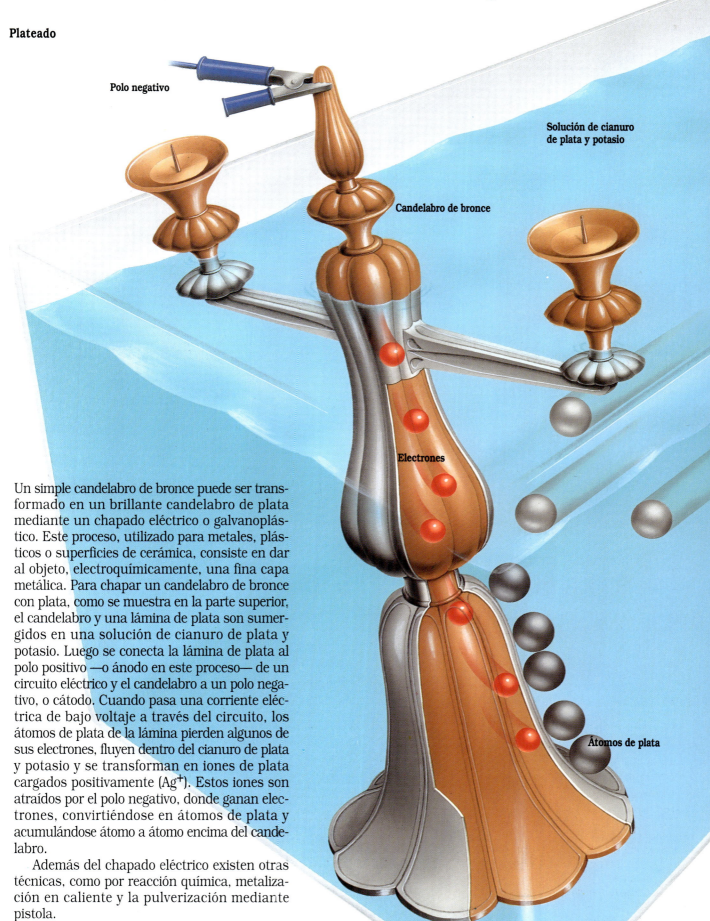

Polo negativo

Solución de cianuro de plata y potasio

Candelabro de bronce

Electrones

Átomos de plata

Un simple candelabro de bronce puede ser transformado en un brillante candelabro de plata mediante un chapado eléctrico o galvanoplástico. Este proceso, utilizado para metales, plásticos o superficies de cerámica, consiste en dar al objeto, electroquímicamente, una fina capa metálica. Para chapar un candelabro de bronce con plata, como se muestra en la parte superior, el candelabro y una lámina de plata son sumergidos en una solución de cianuro de plata y potasio. Luego se conecta la lámina de plata al polo positivo —o ánodo en este proceso— de un circuito eléctrico y el candelabro a un polo negativo, o cátodo. Cuando pasa una corriente eléctrica de bajo voltaje a través del circuito, los átomos de plata de la lámina pierden algunos de sus electrones, fluyen dentro del cianuro de plata y potasio y se transforman en iones de plata cargados positivamente (Ag^+). Estos iones son atraídos por el polo negativo, donde ganan electrones, convirtiéndose en átomos de plata y acumulándose átomo a átomo encima del candelabro.

Además del chapado eléctrico existen otras técnicas, como por reacción química, metalización en caliente y la pulverización mediante pistola.

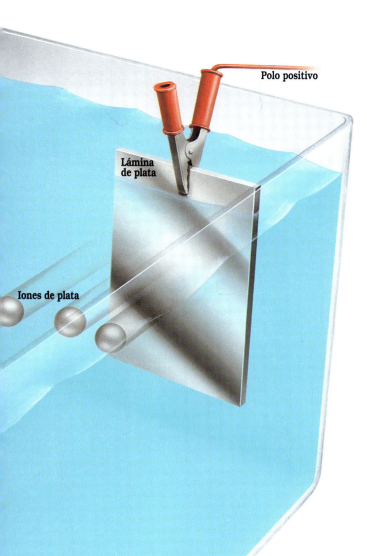

Polo positivo

Lámina
de plata

Iones de plata

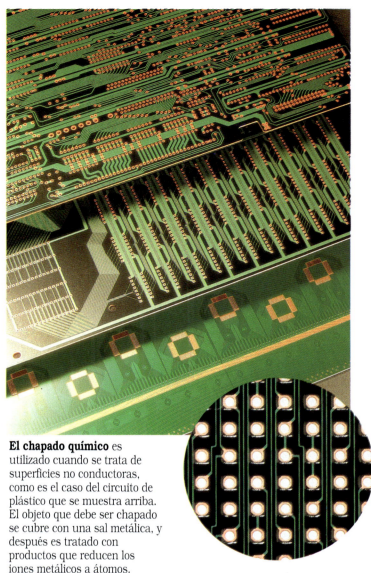

El chapado químico es utilizado cuando se trata de superficies no conductoras, como es el caso del circuito de plástico que se muestra arriba. El objeto que debe ser chapado se cubre con una sal metálica, y después es tratado con productos que reducen los iones metálicos a átomos.

La química del chapado eléctrico

Al hacer pasar una corriente eléctrica a través de la lámina de plata en el polo positivo, los átomos de plata pierden electrones y se combinan con la solución de cianuro de plata y potasio, convirtiéndose en iones de plata cargados positivamente. Los iones de plata son atraídos por el polo negativo, donde ganan electrones, depositando átomos de plata encima del candelabro.

Otros métodos de chapado

Enfriado

Lavado   Calentado   Inmersión en   Enrollado
                       zinc fundido   en rodi-
Lámina delgada de hierro   llos

Las láminas de hierro o acero enrolladas son galvanizadas en forma continua por inmersión caliente en zinc *(arriba)*. El hierro o el acero primero es lavado y calentado, y después sumergido dentro de un baño de zinc fundido para galvanizar o cubrir el metal.

La pulverización con metal se lleva a cabo al fundir un fino alambre o polvo del metal en una llama de gas, y luego se pulveriza, mediante aire comprimido, en pequeñas burbujas de metal sobre el objeto que se pretende recubrir.

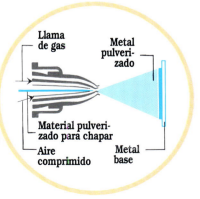

Llama
de gas

Metal
pulveri-
zado

Material pulveri-
zado para chapar

Aire
comprimido

Metal
base

¿Qué es la lluvia ácida?

La lluvia ácida se produce cuando el dióxido de azufre y el óxido de nitrógeno reaccionan en la atmósfera con el agua, convirtiéndose en ácido sulfúrico y en ácido nítrico. Estas dañinas sustancias, recogidas de la atmósfera por la lluvia, acaban en la tierra o en los ríos. Aunque un chubasco tal vez sólo contenga restos de estos ácidos, se van acumulando y envenenan la Tierra. Estos venenos son derivados del proceso de combustión industrial y de la quema de carburantes. El carbón y el petróleo, por ejemplo, contienen azufre, el cual, al quemarse, reacciona con el oxígeno y se convierte en dióxido de azufre. Cerca de 40 millones de toneladas de óxidos de azufre y de nitrógeno se lanzan a la atmósfera cada año solamente en Estados Unidos. Para neutralizar el ácido, los científicos aplican una sustancia alcalina —la opuesta a un ácido—, como la ceniza de carbón, el residuo de la combustión del carbón, al suelo y al agua. Pero sólo un equilibrio entre ácido y álcali produce un ambiente saludable.

Sustancia ácida

■ **Lucha contra la lluvia ácida**

Ácido

Ion hidrógeno

● **Suelo ácido**

Cuando los ácidos de la lluvia ácida se acumulan en el suelo, se producen nocivas reacciones químicas. Algunas de estas reacciones eliminan los nutrientes del suelo que las plantas necesitan. Además, se liberan otros compuestos tóxicos que normalmente permanecen atrapados en las partículas del suelo y que pueden dañar tanto a las plantas como a los animales.

Absorción alcalina

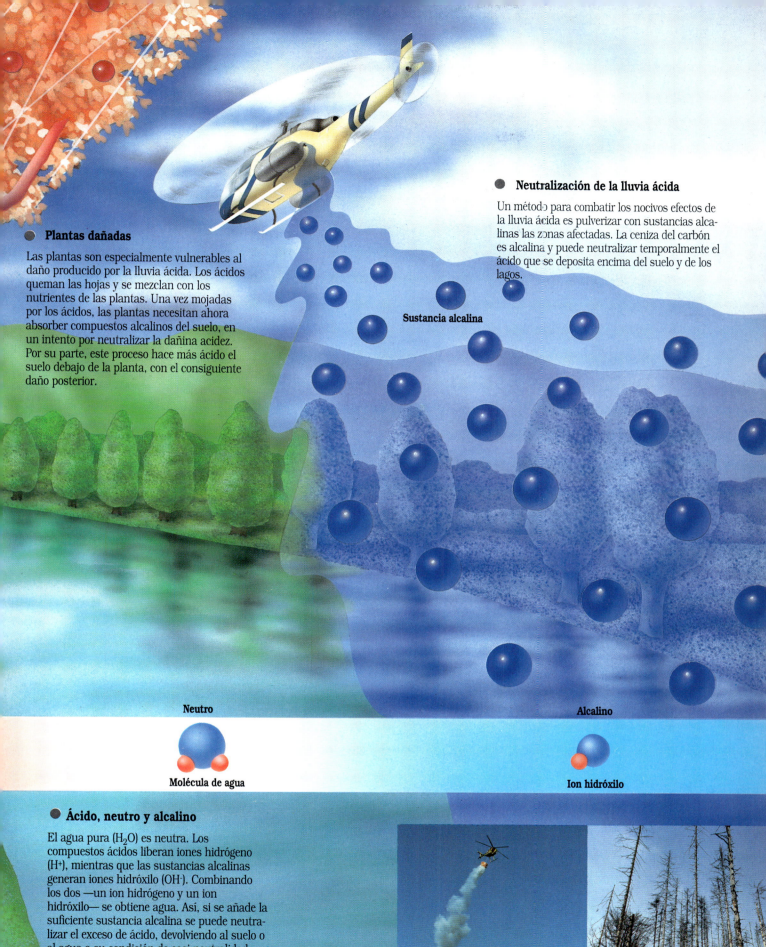

Plantas dañadas

Las plantas son especialmente vulnerables al daño producido por la lluvia ácida. Los ácidos queman las hojas y se mezclan con los nutrientes de las plantas. Una vez mojadas por los ácidos, las plantas necesitan ahora absorber compuestos alcalinos del suelo, en un intento por neutralizar la dañina acidez. Por su parte, este proceso hace más ácido el suelo debajo de la planta, con el consiguiente daño posterior.

Neutralización de la lluvia ácida

Un método para combatir los nocivos efectos de la lluvia ácida es pulverizar con sustancias alcalinas las zonas afectadas. La ceniza del carbón es alcalina y puede neutralizar temporalmente el ácido que se deposita encima del suelo y de los lagos.

Sustancia alcalina

Neutro

Molécula de agua

Alcalino

Ion hidróxilo

Ácido, neutro y alcalino

El agua pura (H_2O) es neutra. Los compuestos ácidos liberan iones hidrógeno (H^+), mientras que las sustancias alcalinas generan iones hidróxilo (OH^-). Combinando los dos —un ion hidrógeno y un ion hidróxilo— se obtiene agua. Así, si se añade la suficiente sustancia alcalina se puede neutralizar el exceso de ácido, devolviendo al suelo o al agua a su condición de casi neutralidad.

La pulverización para neutralizar los ácidos mantiene vivo un bosque.

¿Por qué se queman las cosas?

Un trozo de carbón, si no se toca, puede permanecer inalterable durante millones de años. No obstante, en el momento en que se le eche al fuego, recibe la chispa necesaria para activar su energía y se empieza a quemar. En la parte más caliente de las llamas, el oxígeno reacciona con las moléculas de carbón —y otras sustancias— y rompe los enlaces químicos que mantienen unidas estas moléculas. La energía que está almacenada en estos enlaces produce el calor y la luz del fuego. Estas reacciones químicas se denominan combustión y se producen de forma rápida. En este proceso liberan tanto calor que una sustancia que se quema incrementa su temperatura durante la combustión, pero cuando ésta consume todas las moléculas con alta energía, el fuego se apaga.

Fotosíntesis y combustión

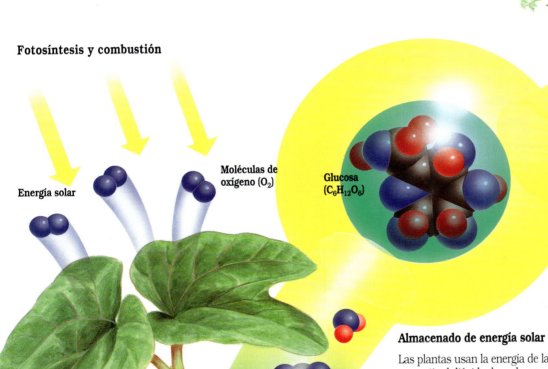

Energía solar

Moléculas de oxígeno (O_2)

Glucosa ($C_6H_{12}O_6$)

Almacenado de energía solar

Las plantas usan la energía de la luz del sol para convertir el dióxido de carbono y el agua en glucosa. Los enlaces químicos que hay en la glucosa representan la energía solar almacenada. Por su parte, las plantas unen cientos de moléculas de glucosa para formar moléculas mayores de celulosa.

Compuestos estables y de baja energía

Las moléculas como el dióxido de carbono y el agua son compuestos estables de baja energía. En sus enlaces intermoleculares se almacena menos energía de la que se necesita para romperlos.

Dióxido de carbono (CO_2)

Agua (H_2O)

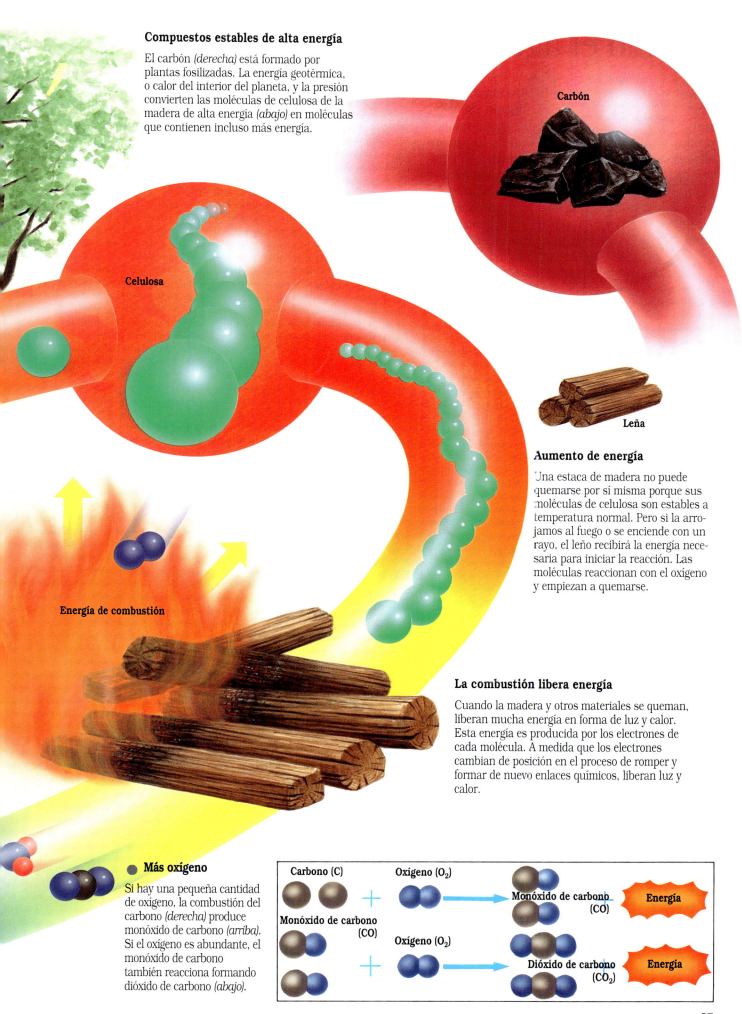

Compuestos estables de alta energía

El carbón *(derecha)* está formado por plantas fosilizadas. La energía geotérmica, o calor del interior del planeta, y la presión convierten las moléculas de celulosa de la madera de alta energía *(abajo)* en moléculas que contienen incluso más energía.

Carbón

Celulosa

Leña

Aumento de energía

Una estaca de madera no puede quemarse por sí misma porque sus moléculas de celulosa son estables a temperatura normal. Pero si la arrojamos al fuego o se enciende con un rayo, el leño recibirá la energía necesaria para iniciar la reacción. Las moléculas reaccionan con el oxígeno y empiezan a quemarse.

Energía de combustión

La combustión libera energía

Cuando la madera y otros materiales se queman, liberan mucha energía en forma de luz y calor. Esta energía es producida por los electrones de cada molécula. A medida que los electrones cambian de posición en el proceso de romper y formar de nuevo enlaces químicos, liberan luz y calor.

● Más oxígeno

Si hay una pequeña cantidad de oxígeno, la combustión del carbono *(derecha)* produce monóxido de carbono *(arriba)*. Si el oxígeno es abundante, el monóxido de carbono también reacciona formando dióxido de carbono *(abajo)*.

Carbono (C)	Oxígeno (O_2)	Monóxido de carbono (CO)	Energía

Monóxido de carbono (CO)	Oxígeno (O_2)	Dióxido de carbono (CO_2)	Energía

Si arde un estropajo metálico, ¿por qué no se quema un bloque de acero?

Los materiales orgánicos como la madera o el carbón no son las únicas cosas que pueden quemarse. Los metales también pueden sufrir la combustión en presencia de oxígeno y calor. En algunos casos, sin embargo, los metales sólo se queman en una cierta forma. Un bloque de hierro o de acero sometido a las llamas no se quema, pero un estropajo metálico arde fácilmente. A pesar de que ambos están formados por el mismo material químico, el hierro del estropajo está rodeado de mayor cantidad de oxígeno y alcanza rápidamente mayor calor que un bloque de hierro macizo. Los filamentos de hierro del estropajo permiten que un mayor número de átomos de hierro activados entren en contacto con el oxígeno activado, de modo que el material tiene más posibilidades de quemarse que si los átomos de hierro estuviesen comprimidos juntos en un bloque.

Otros metales tienen un comportamiento similar. Un bloque de magnesio sólo puede quemarse si es calentado durante mucho tiempo, pero una tira de magnesio arde en una violenta llamarada, por lo que se utiliza para las bengalas. De la misma forma, la lámina de aluminio constituye una buena envoltura para los alimentos, puesto que puede resistir altas temperaturas, pero el polvo de aluminio arde explosivamente y se utiliza como combustible para cohetes. Las sustancias que en condiciones normales arden lentamente, lo hacen de forma explosiva cuando presentan una amplia superficie. Por ejemplo, el polvo de carbón arde al instante, y el polvo de los granos de cereales es tan explosivo que una chispa en un granero lleno normalmente desencadena un desastre.

Átomos de hierro activados

Los materiales con una amplia superficie, como un estropajo metálico (debajo), se queman de forma diferente a como lo hace un sólido bloque de hierro (debajo, a la derecha). En un estropajo, la mayor parte del material está expuesta al oxígeno, y como consecuencia, muchos átomos son capaces de reaccionar.

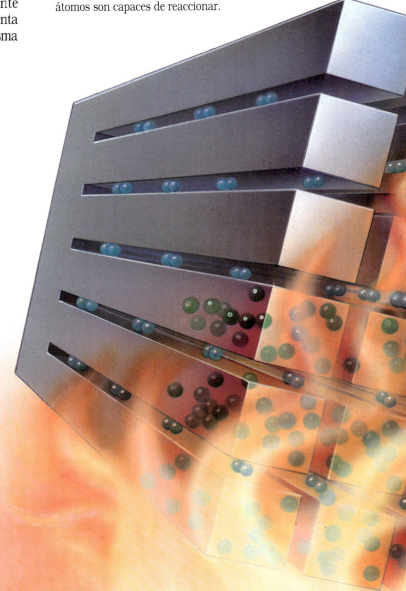

Combustión de un estropajo metálico

La estructura filamentosa de un estropajo metálico contiene muchos átomos de hierro que entran en contacto con los átomos de oxígeno (debajo, a la derecha). La estructura propicia la combustión al permitir que el oxígeno circule entre los filamentos de hierro.

El estropajo metálico arde en una llama de un mechero de alcohol.

Filamentos y bloques

Mientras que no es probable que se queme un bloque de magnesio, el polvo o los filamentos del mismo material como en la bengala de la derecha, se queman a 650 °C.

Bloque de magnesio

Bengala de magnesio

Bloques y polvo de aluminio

El aluminio pulverizado arde tan rápidamente que parece que explote. Sin embargo, un bloque de aluminio sólo reacciona con el oxígeno lentamente, y no arderá con facilidad.

Bloque de aluminio

El polvo de aluminio impulsa la lanzadera.

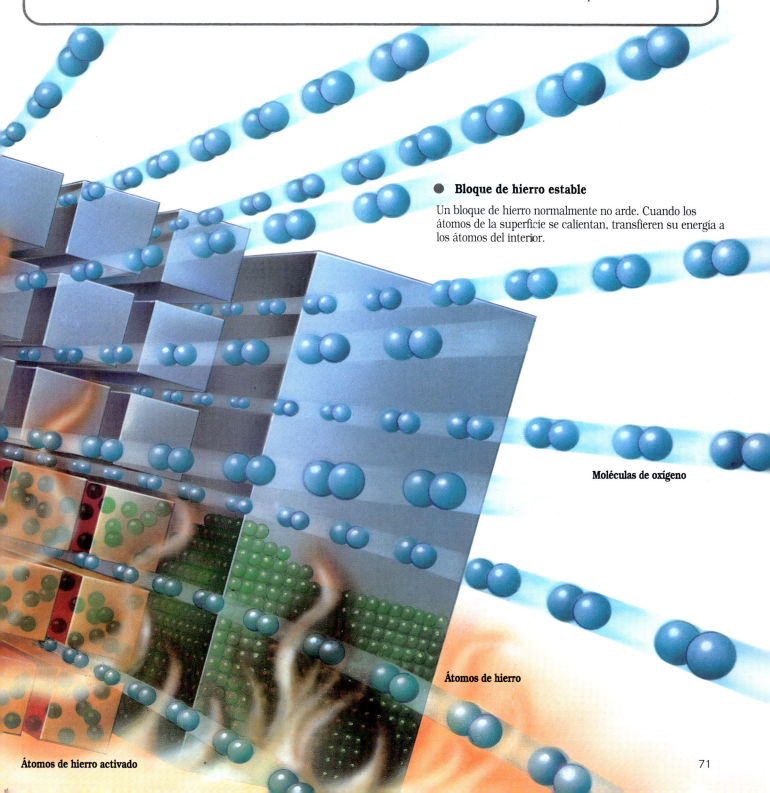

● **Bloque de hierro estable**

Un bloque de hierro normalmente no arde. Cuando los átomos de la superficie se calientan, transfieren su energía a los átomos del interior.

Moléculas de oxígeno

Átomos de hierro

Átomos de hierro activado

71

¿Cómo funciona un líquido borrador?

Desde el momento en que el hombre empezó a escribir con tinta, se ha estado buscando cómo borrar los errores cometidos. Un método elimina del papel las manchas de tinta; el otro no borra el error, pero lo hace invisible con las sustancias que dan color a la tinta. Las tintas modernas de color azul-negras —por ejemplo, las usadas en la mayoría de las plumas estilográficas— contienen dos colorantes. El colorante negro está compuesto por tanato ferroso. Antaño, el tanino se obtenía de las agallas y se combinaba con sales de hierro. En la actualidad, este compuesto se produce en el laboratorio. El tanato ferroso es incoloro, pero una vez en el papel reacciona con el oxígeno del aire y se convierte en tanato férrico, el cual es negro azulado e insoluble en agua. Debido a que es difícil escribir con tinta clara, la tinta de las plumas también contiene un colorante azul que hace la escritura visible antes de que el tanato férrico tenga tiempo de dejar una marca más permanente.

La eliminación de los dos colorantes de la tinta azul-negra necesita dos reacciones químicas separadas. En la primera, el ácido oxálico, un agente decolorante, reacciona con el tanato férrico y reduce el oxígeno de la mezcla para reconvertirlo en el tanato ferroso incoloro. Como consecuencia, la mancha de la tinta palidece. En la segunda reacción, el hipoclorito sódico, el agente blanqueante en un lavado decolorante, destruye las moléculas que forman el colorante azul, y la marca de tinta desaparece.

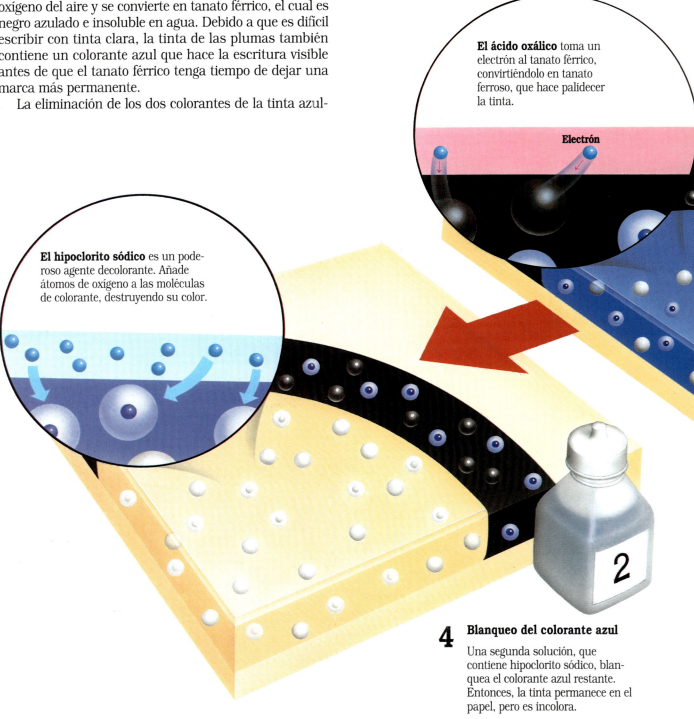

El ácido oxálico toma un electrón al tanato férrico, convirtiéndolo en tanato ferroso, que hace palidecer la tinta.

Electrón

El hipoclorito sódico es un poderoso agente decolorante. Añade átomos de oxígeno a las moléculas de colorante, destruyendo su color.

4   **Blanqueo del colorante azul**

Una segunda solución, que contiene hipoclorito sódico, blanquea el colorante azul restante. Entonces, la tinta permanece en el papel, pero es incolora.

Tanato ferroso

Tanato férrico

Colorante azul

Colorante azul blanqueado

Átomo de oxígeno

Molécula de oxígeno

1 Los dos colorantes de la tinta

La tinta azul-negra parece simplemente azul en este tintero porque el colorante negro permanece todavía en su estado incoloro. El colorante azul no depende de la reacción con el oxígeno para adquirir su color.

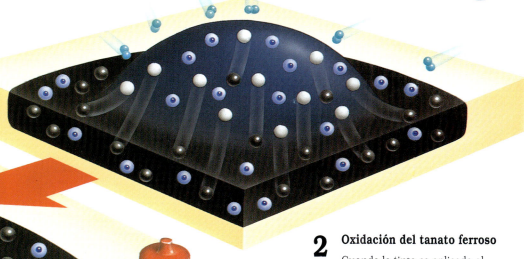

2 Oxidación del tanato ferroso

Cuando la tinta es aplicada al papel, el oxígeno del aire empieza a reaccionar con el tanato ferroso incoloro, convirtiéndose éste en tanato férrico negro. Pequeñas partículas negras —cada una de ellas contiene billones de moléculas de tanato férrico— se forman al proseguir esta reacción. Las partículas se depositan en el papel y aparece una marca de tinta negra.

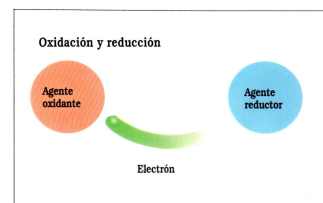

3 Reducción del tanato férrico

La eliminación de la tinta se inicia con una gota de agua que contiene ácido oxálico. El ácido reduce el tanato férrico a tanato ferroso incoloro, y las partículas negras se desvanecen.

Oxidación y reducción

Agente oxidante

Agente reductor

Electrón

En una reacción redox, o de oxidación-reducción, un agente oxidante gana electrones de un compuesto oxidado y es reducido, mientras el agente reductor pierde electrones del compuesto reducido y es oxidado. Los dos procesos están siempre conectados; la oxidación tiene lugar en el ánodo y la reducción en el cátodo.

¿Por qué se utiliza el hidrógeno como combustible para cohetes?

Cuando una lanzadera espacial ruge en el cielo, está impulsada por la fuerza de diminutas moléculas que empujan hacia arriba desde los motores del cohete a una velocidad de 3.536 metros por segundo. Este enorme empuje es suficiente para mantener los dos millones de kilogramos que pesa un cohete en órbita, a unos 480 kilómetros de la superficie de la Tierra. La fuerza proviene de la combustión de hidrógeno y oxígeno en los tres motores del cohete. El empuje del cohete procede de la velocidad y del volumen de los gases de escape que producen sus motores. La reacción de combustión entre el hidrógeno y el oxígeno tiene lugar a temperaturas extremadamente altas. Esto propulsa los gases de escape, en su mayor parte vapor de agua, fuera del motor con gran rapidez (en los cohetes se utilizaba queroseno, pero el producto de la combustión, el dióxido de carbono, es más pesado que el agua). La velocidad de escape del queroseno es menor que la del hidrógeno.

● Cohete Vintage A-2

Calor de combustión

Un gramo de hidrógeno quemado a 25 °C libera 4,6 veces más energía producida en forma de calor, que la que libera un gramo de aluminio.

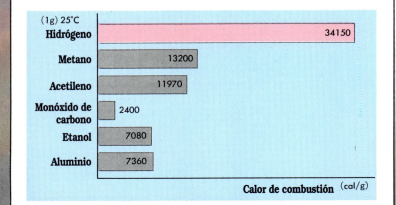

(1g) 25°C

	Calor de combustión (cal/g)
Hidrógeno	34150
Metano	13200
Acetileno	11970
Monóxido de carbono	2400
Etanol	7080
Aluminio	7360

● **Impulsores de combustible sólido**

Dos cohetes equipados con combustible sólido proporcionan el empuje para elevar la lanzadera espacial, mediante la combustión de una mezcla de polvo de aluminio y un producto químico rico en oxígeno.

■ **Depósito de combustible líquido**

Depósito de oxígeno líquido

Depósito de hidrógeno líquido

● **Combustible para la lanzadera espacial**

La lanzadera espacial contiene un depósito de combustible aislado y gigante. El oxígeno líquido ocupa el compartimento superior *(arriba)*, y el hidrógeno líquido, el inferior *(izquierda)*.

○ **Velocidad de escape**

La velocidad de escape depende, en parte, del peso molecular de los gases. El hidrógeno es el más ligero y el más rápido, y por lo tanto cualquier cantidad de hidrógeno no quemado en el escape proporciona mayor empuje.

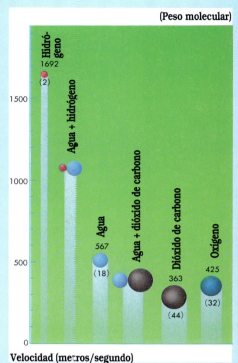

(Peso molecular)

Hidrógeno 1692 (2)

Agua + hidrógeno

Agua 567 (18)

Agua + dióxido de carbono

Dióxido de carbono 363 (44)

Oxígeno 425 (32)

1500

1000

500

0

Velocidad (metros/segundo)

Combustión de hidrógeno

Cada motor de la lanzadera quema hidrógeno y oxígeno en dos etapas. Hidrógeno y una pequeña cantidad de oxígeno se queman en dos cámaras auxiliares de combustión. Esto impulsa unas turbinas de alta presión que bombean el oxígeno y el hidrógeno a la cámara de combustión principal. Una parte del hidrógeno líquido se utiliza como refrigerante para evitar que el motor se funda por la constante alta temperatura del proceso de combustión. El hidrógeno líquido se evapora y forma parte del escape.

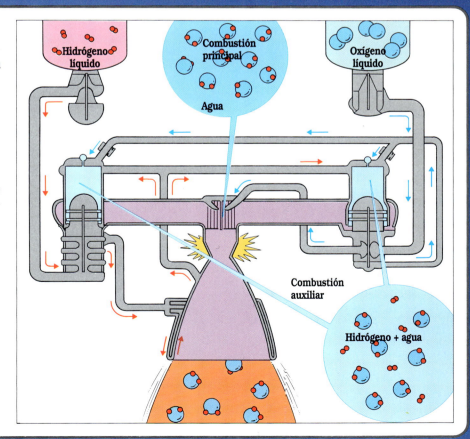

Hidrógeno líquido

Combustión principal

Oxígeno líquido

Agua

Combustión auxiliar

Hidrógeno + agua

¿Qué causa el agujero de ozono?

Por encima de la Tierra, en la estratosfera, un pequeño número de moléculas de ozono protegen todas las formas de vida de la nociva radiación ultravioleta. El ozono, una forma inestable de oxígeno que contiene tres átomos (O_3), se descompone en un átomo (O) y una molécula de oxígeno (O_2) cuando absorbe la radiación ultravioleta. Sin embargo, un nuevo aporte de ozono se forma continuamente en la estratosfera, produciendo un delicado equilibrio químico en el que una capa de menos de 4.500 billones de kilogramos de ozono, aproximadamente tres o cuatro moléculas de ozono por cada millón de moléculas de aire, cubre el planeta. Este equilibrio es alte-

rado por unos productos químicos llamados clorofluorocarbonos o CFC, de los que aquí se muestra el fluorocarbono-11. Estas sustancias —utilizadas en los acondicionadores de aire, en los refrigeradores y en los procesos industriales— ascienden a la estratosfera. Allí, se descomponen y liberan átomos de cloro, lo cual provoca que el ozono se rompa. La diferencia es que cada átomo de cloro destruye hasta 100.000 moléculas de ozono, más rápido de lo que la naturaleza los puede reemplazar. Como resultado, la capa de ozono se reduce, formando un agujero que permite a los nocivos rayos ultravioleta alcanzar la Tierra.

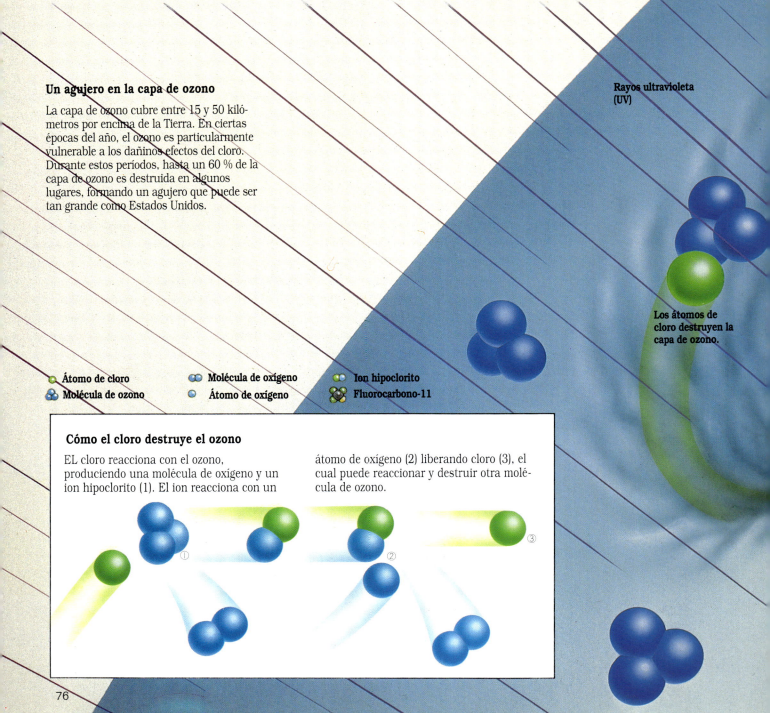

Rayos ultravioleta (UV)

Un agujero en la capa de ozono

La capa de ozono cubre entre 15 y 50 kilómetros por encima de la Tierra. En ciertas épocas del año, el ozono es particularmente vulnerable a los dañinos efectos del cloro. Durante estos períodos, hasta un 60 % de la capa de ozono es destruida en algunos lugares, formando un agujero que puede ser tan grande como Estados Unidos.

Los átomos de cloro destruyen la capa de ozono.

- 🟢 Átomo de cloro
- 🔵 Molécula de ozono
- 🔵🔵 Molécula de oxígeno
- 🔵 Átomo de oxígeno
- 🟢🔵 Ion hipoclorito
- ⚫ Fluorocarbono-11

Cómo el cloro destruye el ozono

EL cloro reacciona con el ozono, produciendo una molécula de oxígeno y un ion hipoclorito (1). El ion reacciona con un átomo de oxígeno (2) liberando cloro (3), el cual puede reaccionar y destruir otra molécula de ozono.

①　②　③

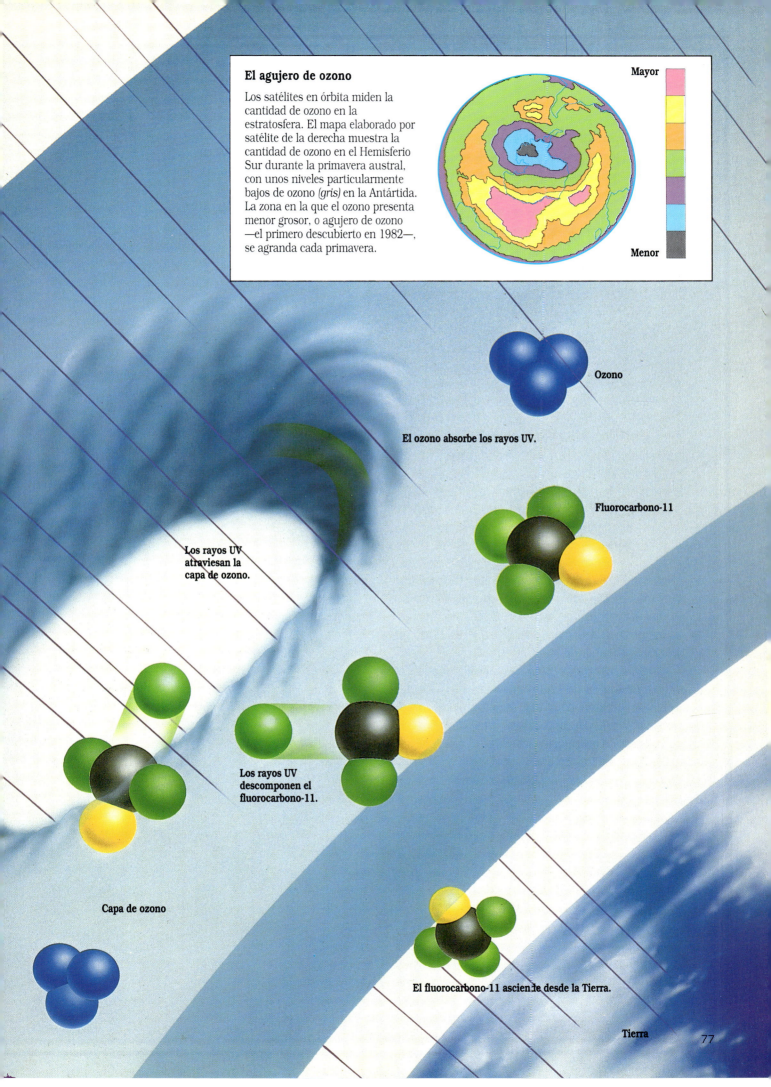

El agujero de ozono

Los satélites en órbita miden la cantidad de ozono en la estratosfera. El mapa elaborado por satélite de la derecha muestra la cantidad de ozono en el Hemisferio Sur durante la primavera austral, con unos niveles particularmente bajos de ozono *(gris)* en la Antártida. La zona en la que el ozono presenta menor grosor, o agujero de ozono —el primero descubierto en 1982—, se agranda cada primavera.

Mayor

Menor

Ozono

El ozono absorbe los rayos UV.

Fluorocarbono-11

Los rayos UV atraviesan la capa de ozono.

Los rayos UV descomponen el fluorocarbono-11.

Capa de ozono

El fluorocarbono-11 asciende desde la Tierra.

Tierra

77

¿Por qué una manzana cortada se oscurece?

Una manzana cortada y dejada abierta se oscurece debido a las moléculas denominadas fenoles, que se encuentran en la piel y alrededor de las semillas de la manzana. Cuando se corta o se pela una manzana, unas enzimas especiales toman oxígeno del aire y lo combinan con los fenoles en la pulpa abierta, produciendo polifenoles. Éstos reaccionan además con los enzimas y el oxígeno creando una forma de molécula de quinona, la cual se une a otras moléculas para producir un pigmento marrón que cubre la pulpa abierta de la manzana. Este pigmento forma una barrera protectora que impide el avance de las nocivas moléculas de oxígeno hacia el interior de la manzana.

Para evitar que un corte de manzana se vuelva oscuro hay que preservar la pulpa expuesta del oxígeno del aire. La solución más sencilla es colocar los cortes en agua. También se puede cubrir la superficie abierta con vitamina C. Dado que la vitamina reacciona más rápidamente con el oxígeno que los fenoles, el pigmento marrón no se forma y la manzana se mantiene blanca.

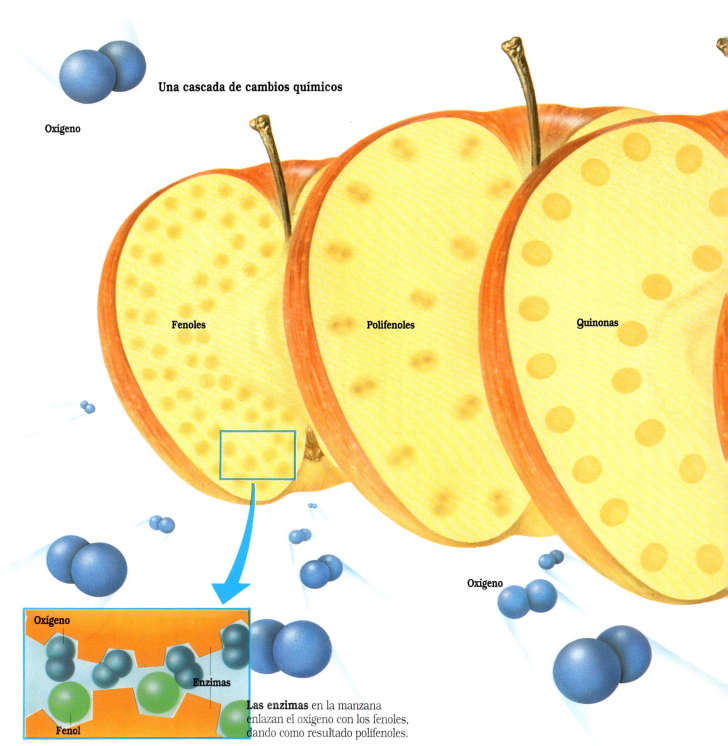

Una cascada de cambios químicos

Oxígeno

Fenoles

Polifenoles

Quinonas

Oxígeno

Oxígeno

Enzimas

Fenol

Las enzimas en la manzana enlazan el oxígeno con los fenoles, dando como resultado polifenoles.

Cómo evitar el oscurecimiento

Colocando los cortes de la manzana en agua se protege la superficie abierta del oxígeno, que es el elemento que inicia el proceso de oscurecimiento. Además, si cubrimos esta superficie con vitamina C, que se encuentra en productos como el zumo de limón, o al añadir vitamina C al agua, podemos mantener las manzanas blancas.

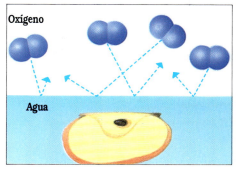

El agua protege la manzana del oxígeno.

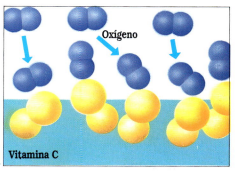

El oxígeno enlaza con la vitamina C.

Construcción de un muro químico

El pigmento marrón que se forma encima de la manzana es similar a un muro creado por la oxidación de las células expuestas de la parte exterior. Este muro disminuye la proporción de oxígeno que reacciona con la pulpa interior de la manzana. Algunas frutas y vegetales, como, por ejemplo, los plátanos y las patatas, se oscurecen por la misma razón.

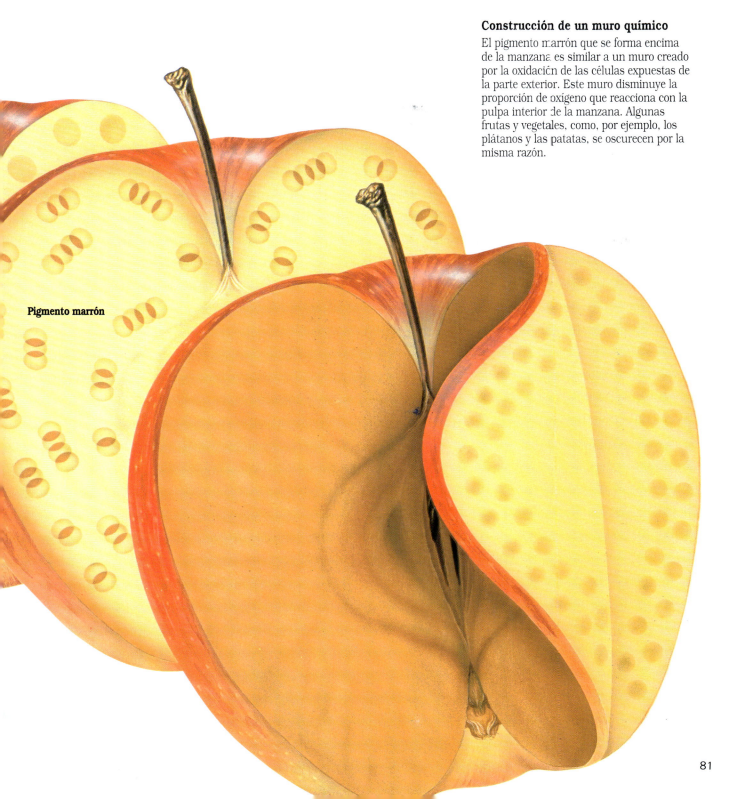

Pigmento marrón

¿Son ácidos todos los alimentos agrios?

No todos los alimentos agrios pueden ser clasificados como ácidos, aunque puedan parecerlo en un principio. El limón, por ejemplo, tiene un sabor agrio y en sí mismo parece muy ácido, pero es clasificado como una base o alimento alcalino. El alto contenido del limón en sodio, potasio, calcio y magnesio —sustancias que, cuando se mezclan con el agua, aparecen como alcalinas en las pruebas del laboratorio— es la causa de esta clasificación. A la inversa, aquellos alimentos que contienen sustancias como el cloro, el fósforo o el azufre —sustancias que se muestran ácidas cuando se mezclan con el agua— son clasificadas como ácidas. Entre tales alimentos se encuentran las zanahorias y las espinacas.

Para determinar si un alimento es ácido o alcalino, los científicos primero lo calientan hasta reducirlo a cenizas, un procedimiento que imita el proceso digestivo que ocurre en los humanos. Después, disuelven las cenizas en agua y miden la acidez de la solución, determinando su pH.

Conversión de los alimentos por combustión

Sustancias ácidas

 S Azufre

 P Fósforo

Cl Cloro

Mg Magnesio

Ca Calcio

K Potasio

OH⁻ Iones hidróxilo

H⁺ Iones hidrógeno

Simulación de una digestión

Mediante el calentamiento de un alimento hasta que quede reducido a cenizas, los analistas pueden determinar si el alimento es ácido o alcalino. Las cenizas, que simulan en parte los desperdicios de la digestión humana, son disueltas en agua y analizadas para determinar su acidez.

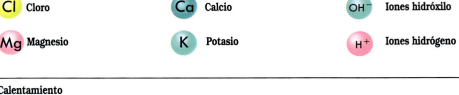

Calentamiento

Disolviendo las cenizas

Prueba de tornasol

Si una solución de cenizas procedentes de cierto alimento cambia a rojo el papel de tornasol, el alimento en cuestión es ácido; si vuelve azul el papel de tornasol, el alimento es alcalino.

Reacción alcalina

Reacción ácida

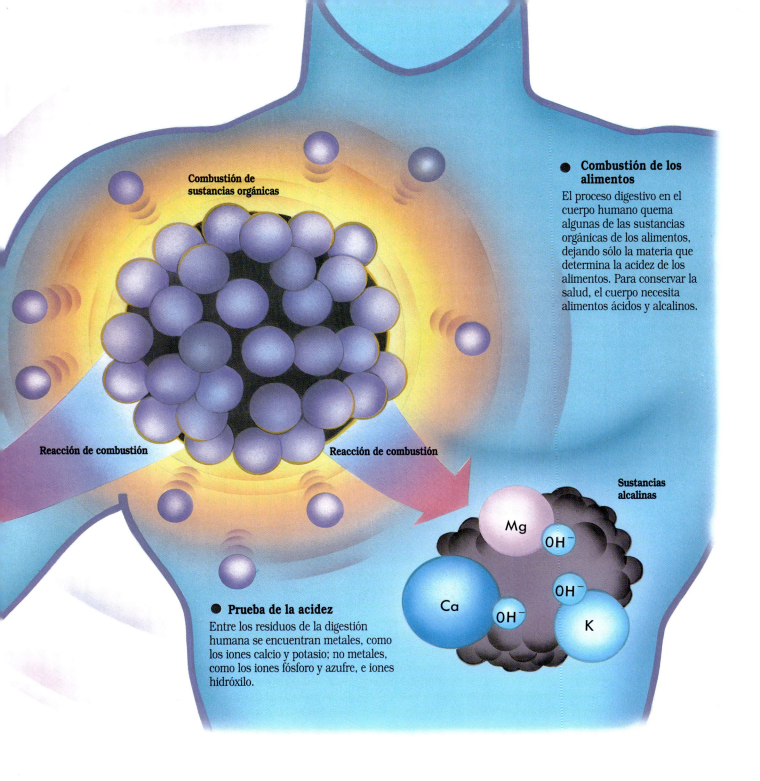

Combustión de sustancias orgánicas

Reacción de combustión

Reacción de combustión

Combustión de los alimentos

El proceso digestivo en el cuerpo humano quema algunas de las sustancias orgánicas de los alimentos, dejando sólo la materia que determina la acidez de los alimentos. Para conservar la salud, el cuerpo necesita alimentos ácidos y alcalinos.

Sustancias alcalinas

Mg

OH⁻

OH⁻

Ca

OH⁻

K

Prueba de la acidez

Entre los residuos de la digestión humana se encuentran metales, como los iones calcio y potasio; no metales, como los iones fósforo y azufre, e iones hidróxilo.

La escala de pH

Abajo se indica la acidez o alcalinidad de las sustancias en la escala de pH, desde 0 hasta 14, con el 7 como punto neutro. Los alimentos con un bajo valor de pH son ácidos, mientras que los que tienen valores altos son alcalinos. El pH de la sangre humana es de 7,4, casi neutro. Las naranjas dan un valor ácido de 3,5, y la leche, de 6,5. El amoníaco registra un valor alcalino de 12.

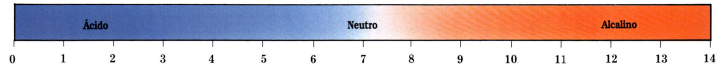

Ácido	Neutro	Alcalino

0   1   2   3   4   5   6   7   8   9   10   11   12   13   14

¿Cómo se fabrica el yogur?

Antes de que contásemos con la refrigeración y el tratamiento industrial de la leche, los primitivos pastores nómadas buscaron un sistema para conservar la leche y transportarla sin que se estropeara. La solución fue fermentar la leche, un proceso que la convierte en yogur semisólido. En la actualidad, el yogur es todavía valorado porque es fácil de digerir y un alimento refrescante.

El proceso de fabricación del yogur empieza cuando la leche fresca es pasteurizada, es decir, calentada a 82 °C para matar los microorganismos que pueden vivir en ella. A continuación, se añade un cultivo de yogur a la leche pasteurizada, y la mezcla es incubada a temperaturas entre 37 y 45 °C, lo que convierte los azúcares naturales de la leche en ácidos, o la fermenta. Los nuevos ácidos formados conectan las largas cadenas de proteínas de la leche en amplias y complejas redes, convirtiendo la leche líquida en una sustancia agria, el yogur semisólido.

Otros alimentos producidos a partir de leche fermentada son la nata ácida, el queso y la mantequilla. El proceso de fermentación es muy similar para todos estos productos lácteos, excepto por la diferencia en las bacterias que contienen los cultivos.

Leche semisólida

Los ácidos formados por fermentación son los causantes de que las cadenas de proteínas de la leche se unan entre sí *(arriba, derecha)*. Como resultado de este enlace, la leche se vuelve menos fluida y gradualmente empieza a cuajar.

Las dos fases de la formación del yogur

El yogur se forma en dos fases. En el primer paso, la bacteria en el cultivo de yogur rompe los azúcares y los convierte en ácidos que aumentan la acidez de la leche. El segundo paso empieza cuando el incremento de acidez de la leche induce a las moléculas de proteína a formar una compleja estructura entre ellas, y la leche presenta la forma familiar semisólida del yogur.

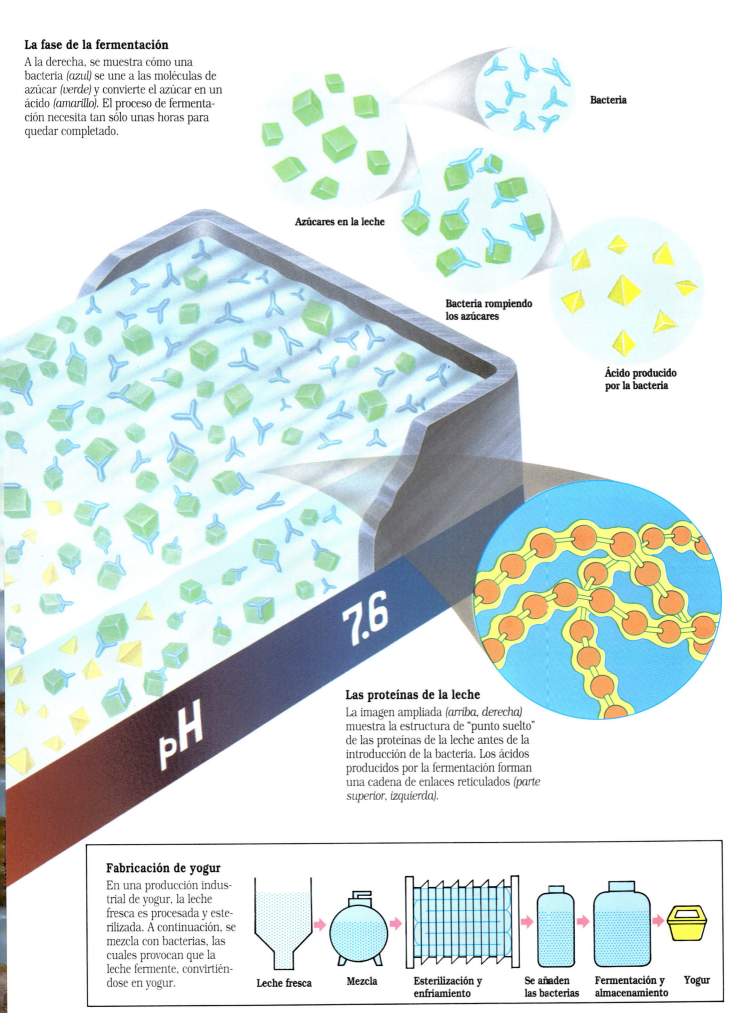

La fase de la fermentación

A la derecha, se muestra cómo una bacteria *(azul)* se une a las moléculas de azúcar *(verde)* y convierte el azúcar en un ácido *(amarillo)*. El proceso de fermentación necesita tan sólo unas horas para quedar completado.

Bacteria

Azúcares en la leche

Bacteria rompiendo los azúcares

Ácido producido por la bacteria

7.6

pH

Las proteínas de la leche

La imagen ampliada *(arriba, derecha)* muestra la estructura de "punto suelto" de las proteínas de la leche antes de la introducción de la bacteria. Los ácidos producidos por la fermentación forman una cadena de enlaces reticulados *(parte superior, izquierda)*.

Fabricación de yogur

En una producción industrial de yogur, la leche fresca es procesada y esterilizada. A continuación, se mezcla con bacterias, las cuales provocan que la leche fermente, convirtiéndose en yogur.

Leche fresca → **Mezcla** → **Esterilización y enfriamiento** → **Se añaden las bacterias** → **Fermentación y almacenamiento** → **Yogur**

¿Cómo se conservan los alimentos?

Los alimentos se estropean por dos razones principales. En las frutas y los vegetales, el proceso natural de maduración —causado por la respiración celular continuada después de que el alimento es recogido— puede acelerarse, haciendo que el producto madure en exceso y quede inservible. O bien, en un proceso que afecta a todos los alimentos, algunos microorganismos —entre los que se encuentran bacterias, mohos y levaduras— pueden atacar a los alimentos y causar su putrefacción. Al final de este milenio, los científicos y los cocineros han desarrollado una cantidad de métodos de conservación de los alimentos que retrasan o evitan con éxito estos dos procesos.

Debido a que los microorganismos que deterioran los alimentos crecen sólo bajo unas condiciones específicas —que incluyen oxígeno, humedad y temperaturas cálidas—, es posible destruir estos organismos al alterar estas condiciones. Por ejemplo, al almacenar los alimentos a bajas temperaturas o al esterilizarlos por calor se retrasa su descomposición. Otros métodos de conservación —como el envasado al vacío de los alimentos o el almacenaje con dióxido de carbono— minimizan la exposición al oxígeno, que es lo que causa que el producto madure en exceso y favorece el crecimiento bacteriano. Además, existen otras técnicas, como el secado de los alimentos y su preservación en sal o en azúcar.

Las condiciones correctas

Controlar la putrefacción es a menudo una cuestión de hacer los alimentos menos receptivos a los microorganismos nocivos. Por ejemplo, bajar la cantidad de humedad y hacer que descienda la temperatura de los alimentos, así como aumentar su acidez, son pasos para que esto se cumpla.

El proceso de maduración excesiva

Métodos de conservación de los alimentos

Dióxido de carbono

Almacenaje en una atmósfera controlada

Los alimentos almacenados en atmósferas controladas —con un 1 o un 3 % de dióxido de carbono— disminuyen su respiración y putrefacción al reducirse los niveles de oxígeno.

Suprimiendo la respiración se disminuye la maduración excesiva

Tomando oxígeno

Almacenaje en frío

El almacenaje en frío reduce la respiración de los alimentos y disminuye la maduración excesiva. Las bajas temperaturas también limitan el crecimiento de las bacterias nocivas.

Alimentos envasados al vacío

El sellado de los alimentos sin aire —un proceso conocido como envasado al vacío— aísla los alimentos del oxígeno y de los microorganismos. Los alimentos son conservados por este método, manteniendo su sabor y aroma durante mucho tiempo.

Enlatado

Los alimentos enlatados son esterilizados por calor y envasados al vacío para evitar la contaminación. Debido a que los alimentos son relativamente fáciles de enlatar, y, una vez en tarros o latas, fáciles de transportar y utilizar, éste es un método popular de conservación.

Prevención del crecimiento de los microorganismos

Sal

La sal absorbe el agua de las células de los alimentos, privando a las bacterias de la humedad que necesitan para sobrevivir.

Utilización de sal para conservar los alimentos

La sal y el azúcar son utilizados para atraer la humedad de los alimentos. La disminución del contenido de agua de los alimentos, hace más difícil la supervivencia de las bacterias.

Cómo las frutas maduran en exceso

Las frutas y los vegetales maduran cuando sus células respiran, un proceso que requiere oxígeno, pero se pasan cuando, después de su maduración, prosigue el proceso de tomar oxígeno.

El oxígeno cambia los alimentos

Cuando los alimentos respiran, toman oxígeno y expulsan dióxido de carbono. A niveles bajos de oxígeno, la respiración disminuye, y hace más lento el proceso de maduración.

Expulsión del dióxido de carbono

Congelación

Congelación

La congelación coloca a los alimentos en una especie de vida suspendida. La respiración celular y la maduración excesiva se paran, y el frío detiene el crecimiento de las bacterias.

89

¿Qué son los potenciadores de sabor?

Los potenciadores de sabor son sustancias que incrementan la percepción de los distintos sabores. El potenciador de sabor más extensamente utilizado es el glutamato monosódico, denominado MSG en forma abreviada. El MSG es un derivado del ácido glutámico, uno de los 20 aminoácidos que el cuerpo utiliza para fabricar las proteínas.

El proceso industrial para fabricar MSG empieza con la melaza, un subproducto del refinado de la caña de azúcar. Fermentada en un depósito que contiene unas bacterias especiales, la melaza produce ácido glutámico.

Llegado este punto, las moléculas de ácido glutámico existen en dos formas. A pesar de que los átomos individuales están conectados en el mismo orden, las dos clases de moléculas son imágenes simétricas una de la otra. Sólo un tipo de molécula, denominada ácido L-glutámico, actúa como potenciador del sabor; la otra es inactiva. Una vez aislado de su contraparte inactiva, el ácido L-glutámico es transformado en MSG por la conversión del ácido en su sal sódica. Después, el MSG es decolorado, para que no altere el aspecto de los alimentos, y ya está listo para su utilización en la cocina.

No para todos

Mientras que es inofensivo para la mayoría de la gente, el glutamato monosódico, derivado del azúcar de caña, puede causar en algunas personas dolor de cabeza, malestar de estómago, somnolencia y alguna rigidez de las articulaciones.

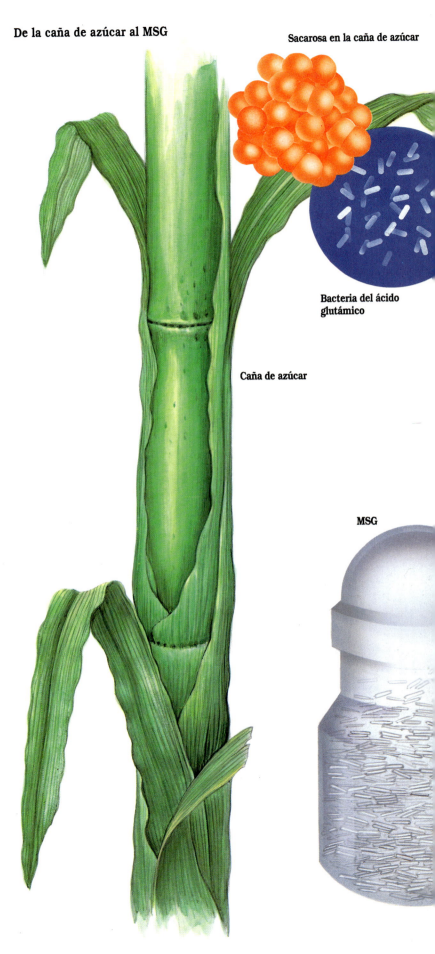

De la caña de azúcar al MSG

Sacarosa en la caña de azúcar

Bacteria del ácido glutámico

Caña de azúcar

MSG

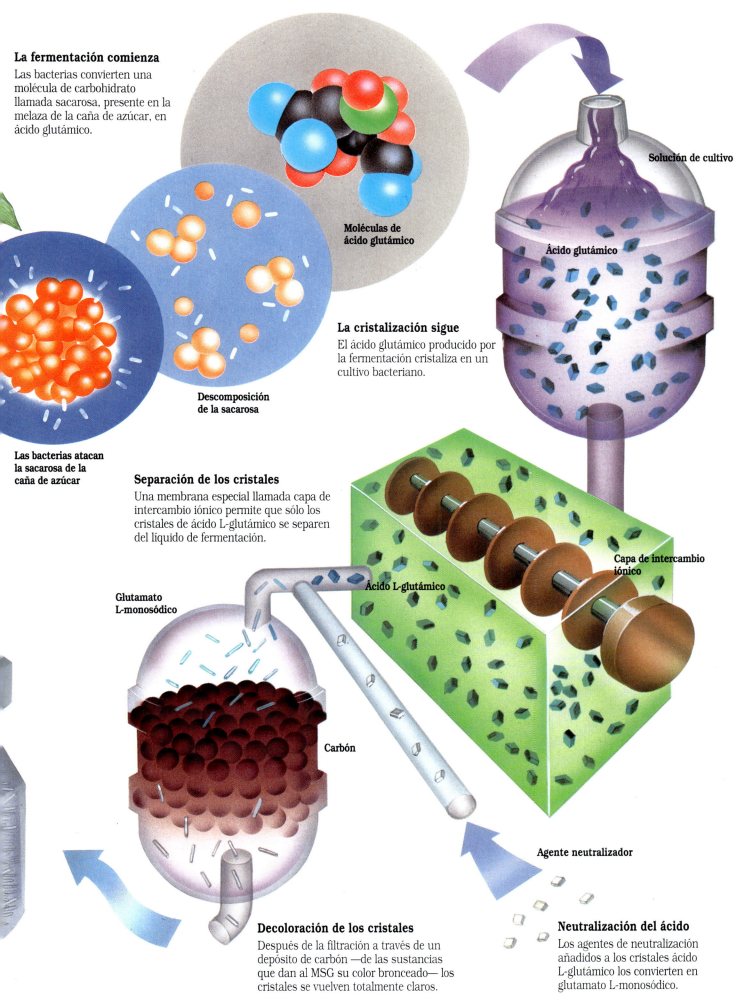

La fermentación comienza

Las bacterias convierten una molécula de carbohidrato llamada sacarosa, presente en la melaza de la caña de azúcar, en ácido glutámico.

Moléculas de ácido glutámico

Descomposición de la sacarosa

Las bacterias atacan la sacarosa de la caña de azúcar

Solución de cultivo

Ácido glutámico

La cristalización sigue

El ácido glutámico producido por la fermentación cristaliza en un cultivo bacteriano.

Separación de los cristales

Una membrana especial llamada capa de intercambio iónico permite que sólo los cristales de ácido L-glutámico se separen del líquido de fermentación.

Ácido L-glutámico

Capa de intercambio iónico

Glutamato L-monosódico

Carbón

Agente neutralizador

Decoloración de los cristales

Después de la filtración a través de un depósito de carbón —de las sustancias que dan al MSG su color bronceado— los cristales se vuelven totalmente claros.

Neutralización del ácido

Los agentes de neutralización añadidos a los cristales ácido L-glutámico los convierten en glutamato L-monosódico.

¿Por qué el helado es más blando que el hielo?

A pesar de que el helado contiene mucha cantidad de agua, presenta una consistencia blanda a 0 °C, la temperatura a la cual se congela el agua. El secreto de que el helado mantenga una consistencia blanda radica en la naturaleza de sus ingredientes y en la forma en que éstos se encuentran combinados.

Para fabricar helado, los ingredientes —entre los que se cuentan leche, nata, huevos y otras sustancias— se mezclan junto con azúcar en un congelador especial. Al principio, sólo el agua de los ingredientes se congela, permaneciendo las partículas de grasa en forma líquida. Pero si la mezcla continúa y la temperatura disminuye, finas burbujas de aire quedan atrapadas en la mezcla. Estas burbujas de aire, además de los glóbulos de grasa, ayudan a separar los cristales de hielo, evitando que el hielo forme bloques grandes que podrían convertir el helado en una masa sólida.

A algunas personas les gusta hacerse sus propios helados, utilizando pequeñas heladoras domésticas. Los ingredientes son colocados en un recipiente congelador, rodeado de sal y fragmentos de hielo para conseguir la baja temperatura necesaria. A continuación, la mezcla es batida con un aparato especial que puede ser accionado a mano o con un motor eléctrico. Como una máquina sencilla no puede mezclar los ingredientes tan minuciosamente como los fabricantes industriales de helados, el producto de fabricación casera normalmente contiene menos aire y no es tan blando como los productos comerciales.

La estructura del helado

Batido de helado

El aire atrapado en el helado durante el proceso de mezcla se denomina batido. Si un litro de aire se mezcla con un litro de los otros ingredientes, por ejemplo, el resultado son dos litros de helado con un batido del 100 %. El helado corriente tiene normalmente una mezcla del 60-70 % —lo que significa que el aire ha incrementado el volumen del helado en este porcentaje—, mientras que la mezcla en los helados blandos es del 30 al 80 %, y del 20-60 % en los sorbetes.

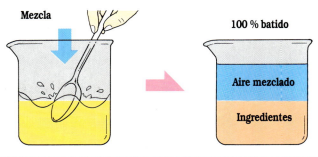

Mezcla — 100 % batido — Aire mezclado — Ingredientes

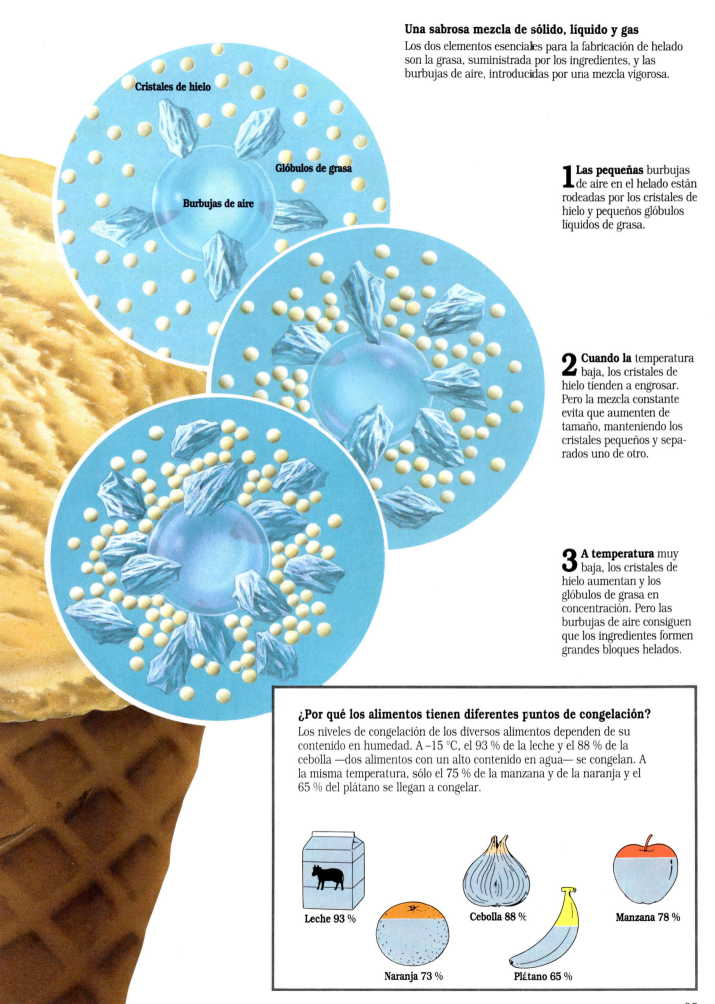

Una sabrosa mezcla de sólido, líquido y gas

Los dos elementos esenciales para la fabricación de helado son la grasa, suministrada por los ingredientes, y las burbujas de aire, introducidas por una mezcla vigorosa.

Cristales de hielo

Glóbulos de grasa

Burbujas de aire

1 **Las pequeñas** burbujas de aire en el helado están rodeadas por los cristales de hielo y pequeños glóbulos líquidos de grasa.

2 **Cuando la** temperatura baja, los cristales de hielo tienden a engrosar. Pero la mezcla constante evita que aumenten de tamaño, manteniendo los cristales pequeños y separados uno de otro.

3 **A temperatura** muy baja, los cristales de hielo aumentan y los glóbulos de grasa en concentración. Pero las burbujas de aire consiguen que los ingredientes formen grandes bloques helados.

¿Por qué los alimentos tienen diferentes puntos de congelación?

Los niveles de congelación de los diversos alimentos dependen de su contenido en humedad. A –15 °C, el 93 % de la leche y el 88 % de la cebolla —dos alimentos con un alto contenido en agua— se congelan. A la misma temperatura, sólo el 75 % de la manzana y de la naranja y el 65 % del plátano se llegan a congelar.

Leche 93 %

Cebolla 88 %

Manzana 78 %

Naranja 73 %

Plátano 65 %

¿Por qué al hervir los huevos se vuelven duros?

Moléculas de proteína

Endurecimiento de la proteína

1 Las moléculas de las proteínas del huevo crudo están entrelazadas en complejas estructuras tridimensionales. Debido a que las proteínas individuales son capaces de moverse libremente, la clara y la yema del huevo permanecen líquidas.

Yema del huevo

Estado crudo a 65 °C

Ligeramente hervido a 65-85 °C

Duro a 85 °C

El interior líquido de un huevo crudo se endurece cuando es hervido en agua porque el intenso calor cambia la estructura de las proteínas del huevo. A temperatura ambiente, las cadenas de proteínas están estrechamente enlazadas en una compleja estructura tridimensional. Pero a altas temperaturas, las cadenas se aflojan, y cuando se desenredan, sus extremos quedan al descubierto. Estos extremos se enlazan con otras cadenas de proteínas, uniendo las proteínas individuales en una retícula que convierte el huevo en sólido.

Debido a que las estructuras de las proteínas de la yema y de la clara del huevo varían ligeramente, se endurecen a diferentes temperaturas. A 60 °C hay pequeños cambios en la yema y la clara. Por encima de esta temperatura, la clara del huevo empieza a transformarse en una gelatina semitransparente. La yema se vuelve algo viscosa a 65 °C y empieza a endurecerse a 70 °C. A esta temperatura, el huevo está ligeramente hervido (pasado por agua). La clara se endurece totalmente a 80 °C, y a 85 °C tanto la clara como la yema están duras.

2 **Cuando un huevo** es colocado en agua hirviendo, las circunvoluciones de cada cadena de proteínas empiezan a debilitarse y a deshacerse. Los extremos de las proteínas, normalmente protegidos entre los pliegues, quedan al descubierto.

Clara del huevo

Estado crudo
hasta los 60 °C

60

Formas viscosas
a 60-80 °C

70

80

Duro a 80 °C

90

(°C)

3 **Cuando la temperatura** alcanza 60 °C, los extremos de las proteínas se unen entre sí formando enlaces en forma de puente; éstos también se producen en otros puntos de las cadenas. Estos nuevos enlaces impiden que las proteínas se puedan mover libremente, solidificando el huevo.

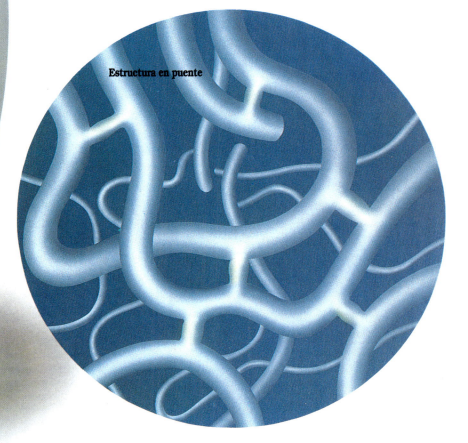

Estructura en puente

¿Cómo se obtiene la sal del mar?

En algunos países la sal de mesa se obtiene por aislamiento de depósitos subterráneos de agua salada, pero en los países con pocos depósitos de sal, ésta se recupera del agua de mar. Debido a que los iones cloro y sodio de la sal de mesa están cargados eléctricamente, se pueden aislar mediante una corriente eléctrica.

Después de un filtrado para eliminar las impurezas, el agua de mar es bombeada hacia un depósito con un electrodo positivo y otro negativo en sus extremos. Cuando la corriente eléctrica pasa a través de los electrodos, los iones empiezan a moverse: los iones de sodio cargados positivamente hacia el electrodo negativo y los de cloro cargados negativamente hacia el electrodo

positivo. Cuando los iones se desplazan hacia sus respectivos polos, deben pasar a través de unas membranas llamadas de intercambio iónico. La primera, denominada membrana de intercambio iónico negativa, permite que la atraviesen sólo los iones negativos, mientras que la membrana siguiente, denominada de intercambio iónico positiva, permite sólo el paso de los iones positivos. Una ordenación alternada de estas membranas hace que se acumulen los iones cloro y sodio, produciendo regiones de agua salada concentrada. Después, el agua rica en sal es bombeada fuera del depósito y evaporada, depositando sólo cristales de sal de mesa.

Método de intercambio iónico

Agua salada

Limpieza del agua salada
Antes de ir al depósito de diálisis, el agua salada primero pasa a través de un dispositivo filtrante que elimina todas las impurezas.

Separación de iones por la carga
La membrana de intercambio iónico positiva permite el paso de los iones sodio cargados positivamente, impidiendo el paso a los iones cloro cargados negativamente. La membrana de intercambio iónico negativa actúa en forma inversa.

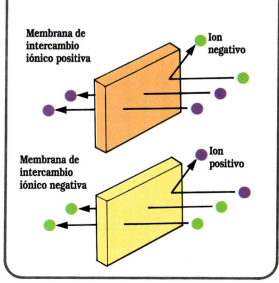

Membrana de intercambio iónico positiva

Ion negativo

Membrana de intercambio iónico negativa

Ion positivo

Polo

Agua sobrante

Membrana de intercambio iónico

Ion sodio

Ion cloro

El depósito de diálisis incrementa notablemente la concentración de sal en el agua salada, la cual normalmente contiene alrededor de un 3 % de sal.

Depósitos de sal natural

En la naturaleza hallamos varios tipos de formaciones salinas. El desierto de Atacama *(derecha)*, en Chile, es un claro ejemplo, al igual que un estanque de sal *(derecha, al fondo)* en un oasis de Níger. Las columnas de sal *(foto insertada)* se han formado del agua rica en minerales del estanque rojizo.

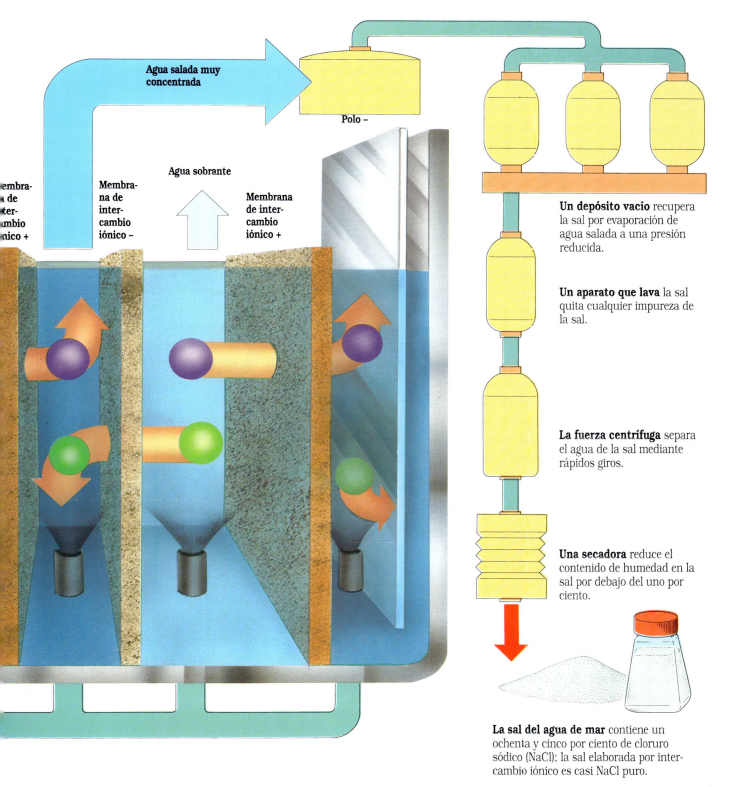

Agua salada muy concentrada

Polo –

Agua sobrante

Membrana de intercambio iónico +

Membrana de intercambio iónico –

Membrana de intercambio iónico +

Un depósito vacío recupera la sal por evaporación de agua salada a una presión reducida.

Un aparato que lava la sal quita cualquier impureza de la sal.

La fuerza centrífuga separa el agua de la sal mediante rápidos giros.

Una secadora reduce el contenido de humedad en la sal por debajo del uno por ciento.

La sal del agua de mar contiene un ochenta y cinco por ciento de cloruro sódico (NaCl); la sal elaborada por intercambio iónico es casi NaCl puro.

¿Cómo se purifica el agua potable?

En la purificación del agua potable se han de dar diversos pasos. En el primero, la sedimentación, las grandes partículas suspendidas en el agua se precipitan en el fondo. En el segundo, la filtración, los sólidos suspendidos y las bacterias dañinas son tamizados. En el tercer paso se añade cloro, un poderoso desinfectante, al agua para matar los microorganismos restantes.

Desafortunadamente, el cloro puede dar al agua un mal sabor, y en grandes dosis puede causar serios problemas a la salud. Un sustituto usado en algunos países es el ozono, un gas sin olor e inocuo formado por tres átomos de oxígeno enlazados entre sí. Pero la capacidad del ozono para eliminar gérmenes no persiste mucho tiempo, y hay que añadir una pequeña cantidad de cloro para conseguir una desinfección duradera.

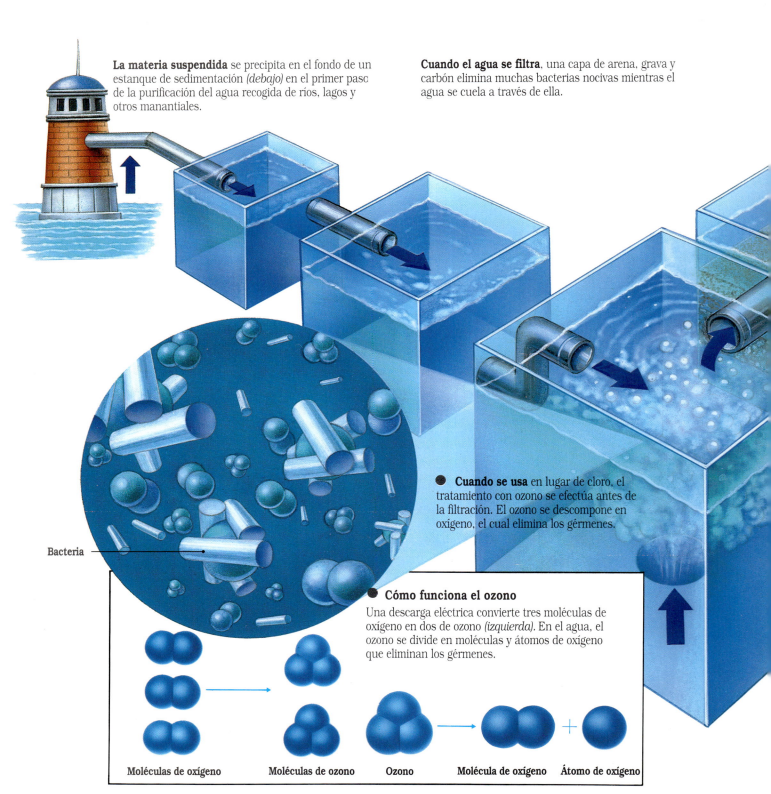

La materia suspendida se precipita en el fondo de un estanque de sedimentación *(debajo)* en el primer paso de la purificación del agua recogida de ríos, lagos y otros manantiales.

Cuando el agua se filtra, una capa de arena, grava y carbón elimina muchas bacterias nocivas mientras el agua se cuela a través de ella.

Bacteria

● **Cuando se usa** en lugar de cloro, el tratamiento con ozono se efectúa antes de la filtración. El ozono se descompone en oxígeno, el cual elimina los gérmenes.

● **Cómo funciona el ozono**
Una descarga eléctrica convierte tres moléculas de oxígeno en dos de ozono *(izquierda)*. En el agua, el ozono se divide en moléculas y átomos de oxígeno que eliminan los gérmenes.

Moléculas de oxígeno   Moléculas de ozono   Ozono   Molécula de oxígeno   Átomo de oxígeno

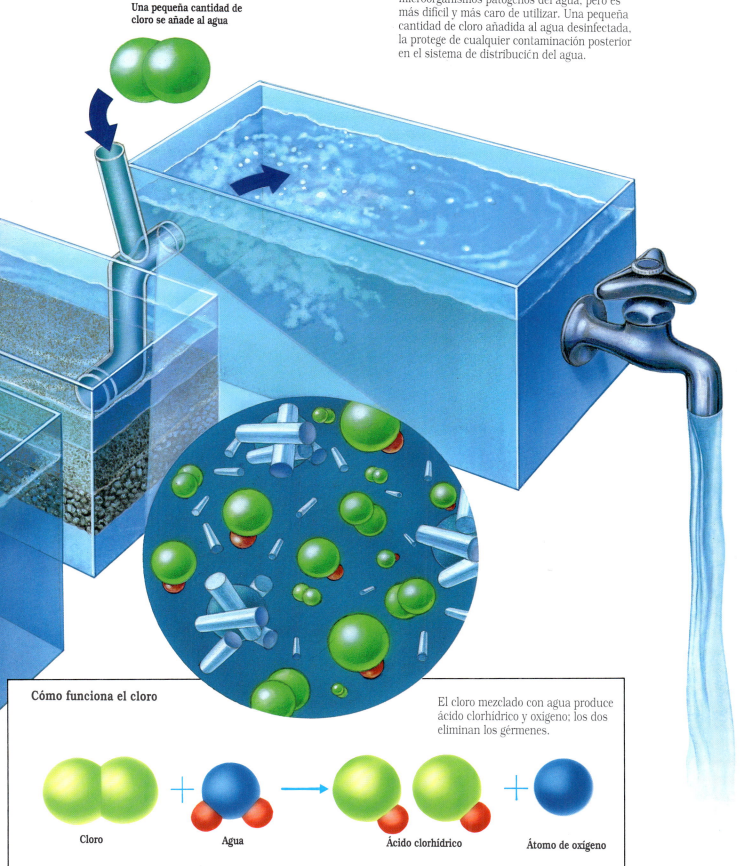

Una pequeña cantidad de cloro se añade al agua

Desinfección química

Añadiendo cloro al agua se eliminan las bacterias y los virus, pero el cloro algunas veces puede formar hidrocarbonos clorados nocivos, como el cloroformo. El ozono es más efectivo que el cloro a la hora de eliminar los microorganismos patógenos del agua, pero es más difícil y más caro de utilizar. Una pequeña cantidad de cloro añadida al agua desinfectada, la protege de cualquier contaminación posterior en el sistema de distribución del agua.

Cómo funciona el cloro

El cloro mezclado con agua produce ácido clorhídrico y oxígeno; los dos eliminan los gérmenes.

| Cloro | + | Agua | → | Ácido clorhídrico | + | Átomo de oxígeno |

¿Por qué se cuece la harina?

El componente mayoritario de la harina es el almidón, el cual está compuesto por largas cadenas de moléculas de glucosa enlazadas entre sí. Cuando es puro, esta cadena tiene una estructura rígida, llamada almidón beta, que resiste la digestión de las enzimas que hay en el cuerpo. Pero cuando el almidón es hervido en agua, o cuando es cocido en un horno, como la hogaza de pan de la derecha, su estructura cristalina empieza a romperse. Las moléculas de agua se infiltran entre las moléculas de glucosa, dando al almidón una consistencia como de pasta, denominada almidón alfa. Puesto que las enzimas pueden romper el almidón alfa, la harina es mucho más fácil de digerir.

Desafortunadamente, el almidón alfa se convierte en almidón beta cuando la temperatura baja y la humedad se evapora. Esta tendencia llamada fenómeno del envejecimiento del almidón, produce una forma dura de almidón beta, como el que se encuentra en el pan rallado, el cual es difícil de digerir.

Cambio de la estructura del almidón

La estructura del almidón

El almidón puro o almidón beta —el de los granos de trigo *(arriba)*— está formado por una larga y ramificada cadena de glucosa con una estructura cristalina regular.

Dos imágenes del almidón

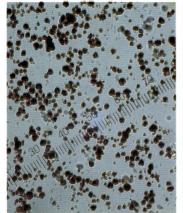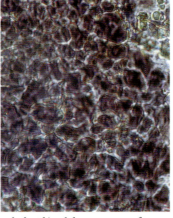

La fotografía de la izquierda muestra el almidón del arroz en su forma beta, mientras que la de la derecha muestra la forma alfa.

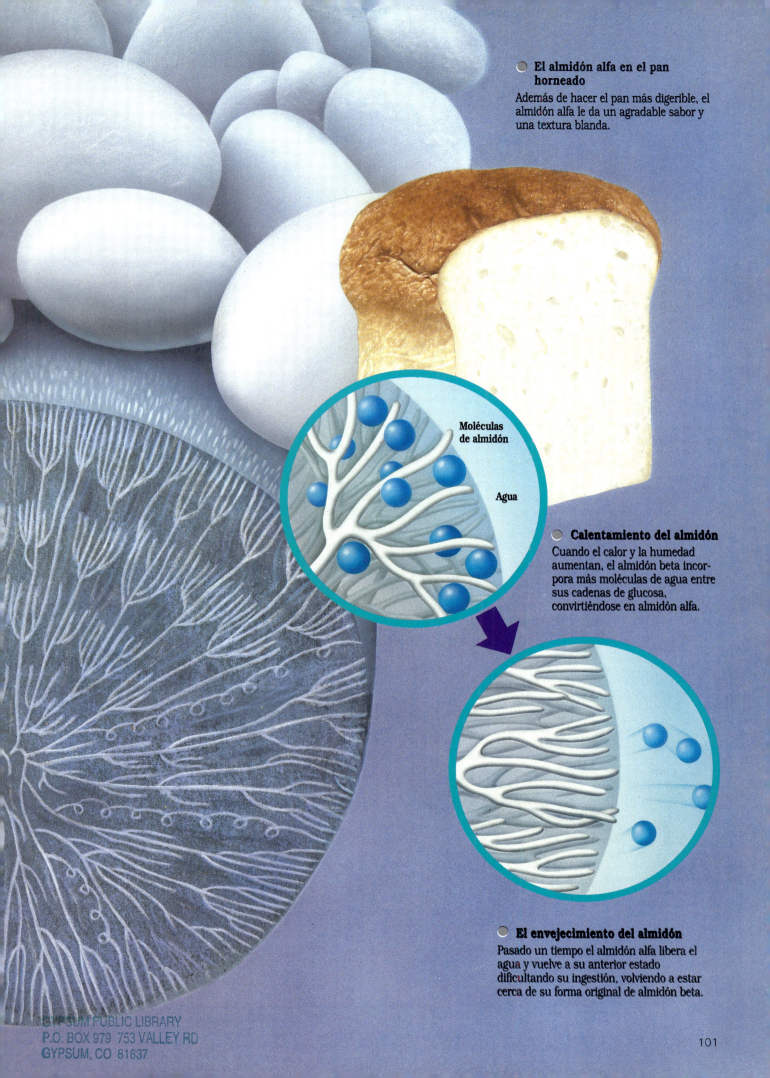

El almidón alfa en el pan horneado

Además de hacer el pan más digerible, el almidón alfa le da un agradable sabor y una textura blanda.

Moléculas de almidón

Agua

Calentamiento del almidón

Cuando el calor y la humedad aumentan, el almidón beta incorpora más moléculas de agua entre sus cadenas de glucosa, convirtiéndose en almidón alfa.

El envejecimiento del almidón

Pasado un tiempo el almidón alfa libera el agua y vuelve a su anterior estado dificultando su ingestión, volviendo a estar cerca de su forma original de almidón beta.

5
La ingeniería como una forma de vida

Muchos avances, tanto grandes como pequeños, en la historia de la civilización fueron precedidos por progresos previos en el campo de la química. No es casualidad, por ejemplo, que algunas de las épocas de la historia humana —la Edad de Bronce y la Edad de Hierro— se denominen así porque vienen determinadas por los avances del hombre para trabajar los metales. De hecho, fue el descubrimiento de los procesos de purificación de los metales lo que cambió el aspecto de la civilización, al pasar de pequeños edificios y carruajes de tracción animal a rascacielos y ferrocarriles. Sin este descubrimiento —como ha sucedido con los avances de la ingeniería en materiales como el hormigón y el vidrio— no podrían existir coches, aviones ni ninguna otra de las maravillas tecnológicas que, actualmente, la gente da por supuestas.

Como complemento de la revolución de los metales que acompañó los siglos XVII y XVIII, en el siglo XX se produjo la revolución de la química orgánica. El descubrimiento por parte de los ingenieros de la abundancia de elementos químicos orgánicos, es decir, los que contienen carbono, obtenibles a partir del refinado del carbón y del petróleo, originó una profusión de nuevos productos. Entre ellos, plásticos, como el polietileno y el teflón, así como fibras sintéticas, como el nilón y el poliéster. Además, la amplia gama de refinado del petróleo produce gasolina de bajo coste y gasóleo de calefacción al alcance de todos. De hecho, los avances de la industria química han penetrado de tal forma en la vida cotidiana que es prácticamente imposible pasar un día entero sin experimentar los nuevos resultados de la química moderna.

En un alto horno, saltan chispas cuando el carbón reacciona con mineral de hierro fundido y produce lingotes de hierro, un estado intermedio en la producción de acero.

¿Cómo se fabrica el papel?

A pesar de que algunas fibras como el algodón, el lino y el cáñamo se han utilizado como materia prima para el papel desde que comenzó la escritura hace unos cinco mil años, en la actualidad prácticamente todo el papel procede de la madera. El ingrediente que hace de la madera una buena fuente de papel es una larga molécula fibrilar denominada celulosa. A lo largo de cada molécula se disponen un número de grupos hidroxilo —átomos de oxígeno combinados con átomos de hidrógeno— que enlazan entre sí las cadenas de celulosa formando una dura malla.

En el proceso de fabricación del papel, en primer lugar se separan las cadenas de celulosa para formar la pulpa. Después, las fibras son prensadas juntas en finas láminas. Durante el prensado, las hebras se conectan de nuevo para dar lugar al papel.

Desintegrador de la madera

La madera, cortada en virutas, se introduce en un gran tanque denominado desintegrador. Bajo un gran calor y presión, el vapor y los productos químicos separan la celulosa de la madera. Después de unas horas, la madera se ha convertido en un material blando y algodonoso denominado pulpa.

Las virutas de madera son la materia prima.

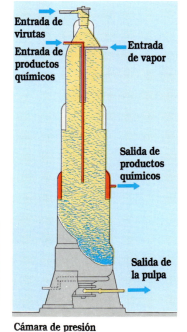

Entrada de virutas

Entrada de productos químicos

Entrada de vapor

Salida de productos químicos

Salida de la pulpa

Cámara de presión

5 Fabricación de bobinas de papel

Después de un tiempo, las fibras de celulosa se han transformado en una malla entrelazada *(abajo)* en un ancho carrete llamado bobina *(parte inferior)*, que recoge el papel terminado en bobinas gigantes. Estas bobinas se pueden cortar en otras más estrechas o en hojas, y ya están listas para salir de la fábrica.

4 Secado final en rodillos calientes

El papel, recién formado, pasa por encima de unos rodillos que se calientan desde el interior. Los rodillos calientes extraen el resto del agua.

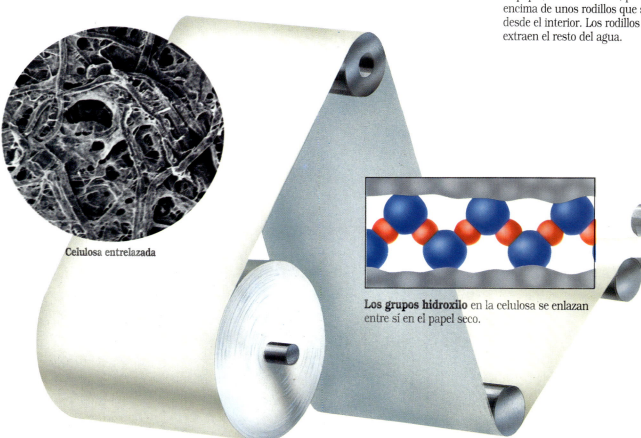

Celulosa entrelazada

Los grupos hidroxilo en la celulosa se enlazan entre sí en el papel seco.

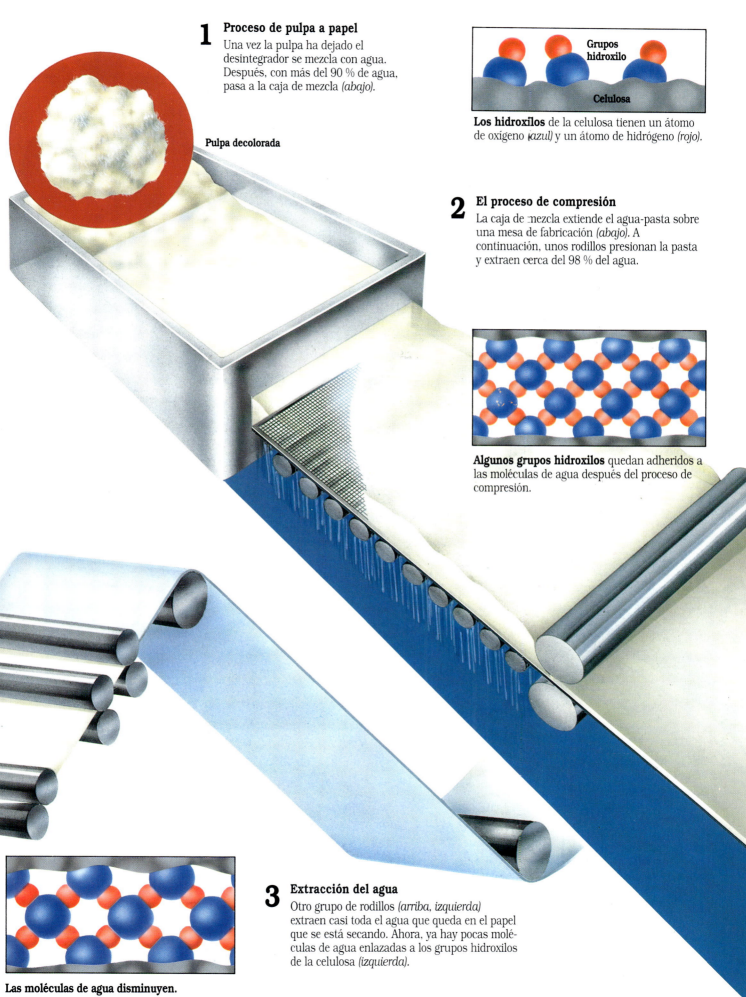

1 Proceso de pulpa a papel

Una vez la pulpa ha dejado el desintegrador se mezcla con agua. Después, con más del 90 % de agua, pasa a la caja de mezcla *(abajo)*.

Pulpa decolorada

Grupos hidroxilo

Celulosa

Los hidroxilos de la celulosa tienen un átomo de oxígeno *(azul)* y un átomo de hidrógeno *(rojo)*.

2 El proceso de compresión

La caja de mezcla extiende el agua-pasta sobre una mesa de fabricación *(abajo)*. A continuación, unos rodillos presionan la pasta y extraen cerca del 98 % del agua.

Algunos grupos hidroxilos quedan adheridos a las moléculas de agua después del proceso de compresión.

3 Extracción del agua

Otro grupo de rodillos *(arriba, izquierda)* extraen casi toda el agua que queda en el papel que se está secando. Ahora, ya hay pocas moléculas de agua enlazadas a los grupos hidroxilos de la celulosa *(izquierda)*.

Las moléculas de agua disminuyen.

¿Cómo se producen las fibras sintéticas?

Uno de los usos más importantes de los polímeros *(páginas 106-107)* es como fibra sintética. Cuando se funden y se estiran en hebras, los polímeros pueden ser hilados y tejidos en telas similares a los materiales naturales, como el algodón, la lana y la seda. Las telas artificiales a menudo son más ligeras y resistentes que sus correspondientes naturales, y casi siempre más baratas de producir.

La primera y más famosa de las fibras sintéticas es el nilón. Inventada por Du Pont Company en 1930, hizo su debut comercial en las medias de mujer, pero casi inmediatamente se utilizó también en otros productos, desde paracaídas hasta redes de pescar. El éxito del nilón fue rápidamente seguido por la invención de otros productos sintéticos, como el poliéster y las fibras acrílicas, muy usadas para fabricar ropa.

El método más frecuente para producir fibras sintéticas empieza con una hilera *(arriba, en la página siguiente).* Esta máquina funde pequeños fragmentos de polímero y obliga al material fundido a salir a través de una serie de pequeños agujeros de la máquina. Las fibras que salen son ovilladas para producir una única hebra, la cual es tejida en otras similares formando piezas de tela.

Los gusanos de seda producen seda, una de las fibras naturales más apreciadas en el mundo. La larva hila unos finos filamentos con un órgano en su boca.

Estructura molecular de la seda

Estructura molecular del nilón

Enfriamiento y estiramiento

Cuando la fibra está fría, es estirada, pasando de una bobina a otra que gira cuatro veces más rápida. Este proceso alarga el hilo y lo fortalece, haciendo que las largas moléculas pasen a través de haces paralelos.

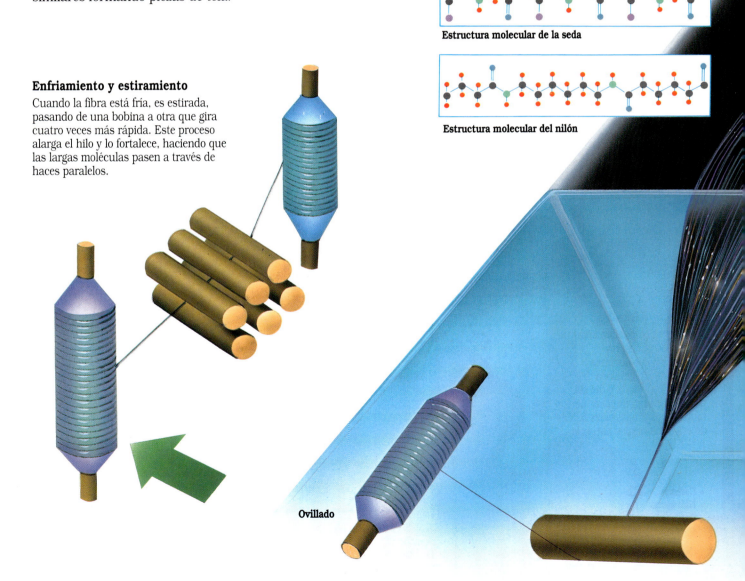

Ovillado

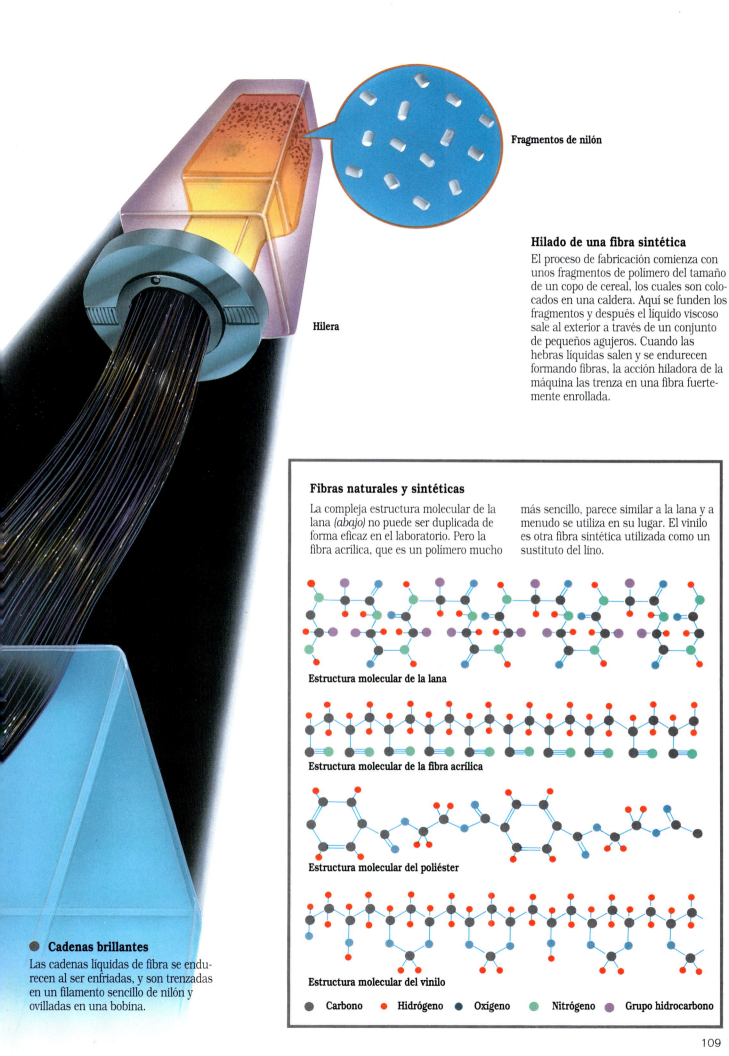

Fragmentos de nilón

Hilera

Hilado de una fibra sintética

El proceso de fabricación comienza con unos fragmentos de polímero del tamaño de un copo de cereal, los cuales son colocados en una caldera. Aquí se funden los fragmentos y después el líquido viscoso sale al exterior a través de un conjunto de pequeños agujeros. Cuando las hebras líquidas salen y se endurecen formando fibras, la acción hiladora de la máquina las trenza en una fibra fuertemente enrollada.

Fibras naturales y sintéticas

La compleja estructura molecular de la lana *(abajo)* no puede ser duplicada de forma eficaz en el laboratorio. Pero la fibra acrílica, que es un polímero mucho más sencillo, parece similar a la lana y a menudo se utiliza en su lugar. El vinilo es otra fibra sintética utilizada como un sustituto del lino.

Estructura molecular de la lana

Estructura molecular de la fibra acrílica

Estructura molecular del poliéster

Estructura molecular del vinilo

● **Carbono** ● **Hidrógeno** ● **Oxígeno** ● **Nitrógeno** ● **Grupo hidrocarbono**

● **Cadenas brillantes**

Las cadenas líquidas de fibra se endurecen al ser enfriadas, y son trenzadas en un filamento sencillo de nilón y ovilladas en una bobina.

¿Cómo se extrae el metal del mineral?

La mayoría de los metales no se presentan en estado puro de forma natural. Normalmente, se encuentran como un mineral en el que el metal se ha oxidado, es decir, ha dado algún electrón al oxígeno o a los otros átomos que están enlazados con él. El hierro, por ejemplo, tiende a ceder electrones al oxígeno, formando mineral de óxido de hierro. Para extraer hierro puro del mineral de hierro, o para separar cualquier otro metal de su mineral, el metal debe recobrar sus electrones con una reducción.

El proceso para reducir el mineral varía según los metales. Para el óxido de hierro, un método llamado reducción indirecta consiste en la mezcla del mineral con carbón de coque y piedra caliza en un alto horno *(derecha)*. La reducción, como se muestra en estas páginas, produce hierro fundido que puede ser recogido de forma separada. Para el refinado del cobre es preciso insuflar aire o gas de hidrógeno a través del mineral fundido, proceso conocido como fundición.

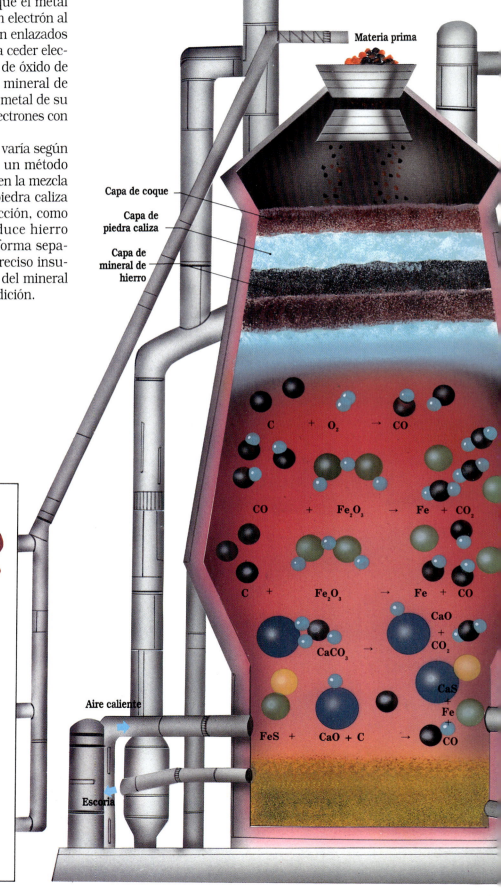

Materia prima

Capa de coque

Capa de piedra caliza

Capa de mineral de hierro

$$C + O_2 \rightarrow CO$$

$$CO + Fe_2O_3 \rightarrow Fe + CO_2$$

$$C + Fe_2O_3 \rightarrow Fe + CO$$

$$CaCO_3 \rightarrow CaO + CO_2$$

$$FeS + CaO + C \rightarrow CaS + Fe + CO$$

Aire caliente

Escoria

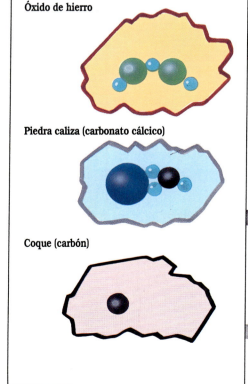

Óxido de hierro

Piedra caliza (carbonato cálcico)

Coque (carbón)

Ganancia y pérdida de electrones

Al igual que el hierro, el cobre es un importante metal que normalmente se encuentra como mineral. En el óxido de cobre *(derecha)*, el metal se ha unido al oxígeno *(azul)*. Cuando se expone al gas de hidrógeno, el óxido de cobre se reduce, es decir, pierde el oxígeno y se convierte en cobre puro. El oxígeno se combina con el hidrógeno formando agua.

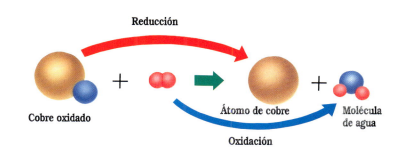

Reducción

Cobre oxidado + Átomo de cobre + Molécula de agua

Oxidación

Refinado del hierro

El coque arde por una ráfaga de aire caliente dentro del horno. En las llamas, el carbón de coque se combina con el oxígeno y produce monóxido de carbono.

El monóxido de carbono separa el oxígeno del óxido de hierro por reducción indirecta. El monóxido de carbono gana un átomo de oxígeno y se convierte en dióxido de carbono, dejando el hierro en estado puro.

En una reacción separada, el carbono del coque toma oxígeno del óxido de hierro, formando monóxido de carbono y hierro puro.

Las impurezas del mineral y el calcio de la piedra caliza forman la escoria, o sulfuro de calcio. La escoria y el hierro salen del horno de forma separada. El hierro puro se dirige hacia el convertidor.

C	= Carbono
O_2	= Molécula de oxígeno
CO	= Monóxido de carbono
CO_2	= Dióxido de carbono
Fe	= Hierro
Fe_2O_3	= Óxido de hierro
FeS	= Sulfuro ferroso
$CaCO_3$	= Carbonato de calcio
CaO	= Óxido de calcio
CaS	= Sulfuro de calcio

◄ **Aire caliente**

Lingote de hierro

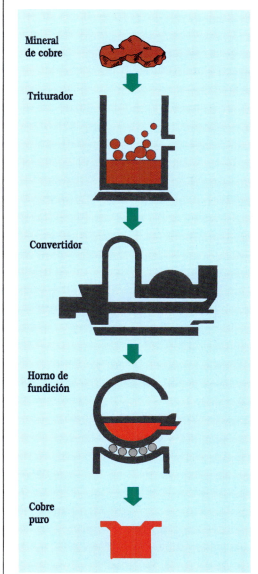

Refinado del cobre

Mineral de cobre

Un mineral rico en cobre es pulverizado y suspendido en agua. A continuación es extraído el sulfuro de cobre del mineral.

Triturador

Convertidor

Un convertidor expone el sulfuro de cobre al aire. El azufre y el oxígeno forman dióxido de azufre gaseoso, liberando cobre puro.

Horno de fundición

El cobre puro se funde en un horno de fundición, y el cobre fundido se vierte al exterior.

Cobre puro

El cobre —puro en más de un 99 %— es refinado después en un tanque de electrólisis *(páginas 114-115)*.

El convertidor

En un convertidor, el oxígeno inyectado a través del hierro puro elimina el carbono, depositando dióxido de carbono y hierro bajo en carbono, o acero.

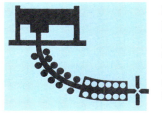

Proceso final

El acero es moldeado en planchas, que después se enrollan, cortan y moldean en las formas deseadas, como láminas o tubos.

¿Por qué se utilizan las aleaciones?

Una aleación es un metal que contiene pequeñas cantidades de otros elementos. La presencia de éstos —ya sean metales o no metales— altera las propiedades naturales del metal, haciéndolo más duro, resistente o manipulable. Muchas aleaciones poseen extensos usos industriales y domésticos; una de las más importantes aleaciones es el acero, una combinación de hierro y carbono.

El refinado del hierro *(páginas 110-111)* primero produce lingotes de hierro, que contienen una gran cantidad de carbono. El alto contenido de carbono hace al lingote demasiado quebradizo para algunos usos, pero al eliminar una parte del carbono se obtiene el acero, más fácil de trabajar. Esto se puede conseguir haciendo pasar una corriente de oxígeno por un contenedor de mineral de hierro fundido. Al controlar la aportación de oxígeno, los ingenieros producen acero con una cantidad precisa de carbono.

Conversión de los lingotes de hierro

En un convertidor *(abajo)*, el oxígeno elimina el carbono del lingote de hierro al combinarse con él y escapar como monóxido de carbono.

Átomos de carbono en el lingote de hierro

Fundición de lingotes de hierro

Los lingotes de hierro con un alto contenido de carbono son quebradizos y difíciles de trabajar. Su uso es importante únicamente para la fundición, en donde el hierro *(abajo)* es vertido en un molde y enfriado.

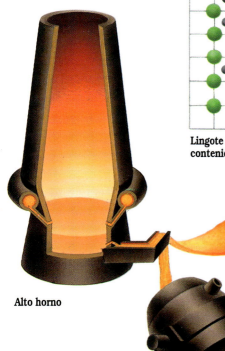

Lingote de hierro: alto contenido en carbono

Acero: contiene poco carbono

Alto horno

Convertidor

Placas de acero

Casi libre de carbono, el acero es tan duro como el lingote de hierro pero más flexible. Se pueden moldear más fácilmente hojas, tubos u otras formas.

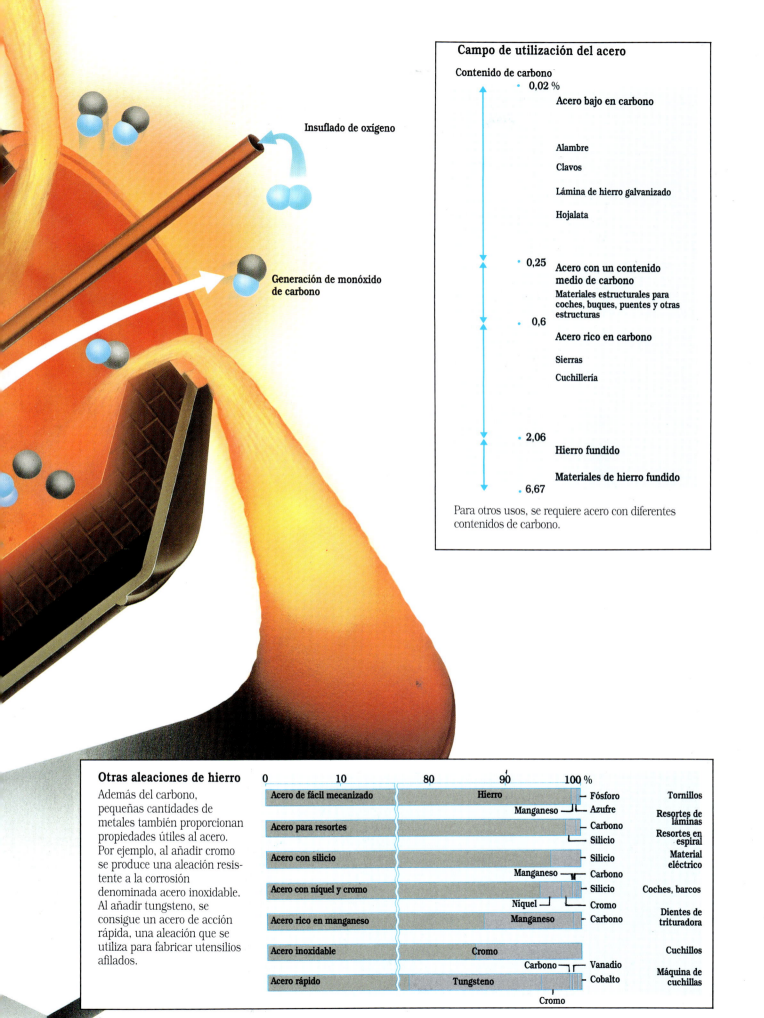

Insuflado de oxígeno

Generación de monóxido de carbono

Campo de utilización del acero

Contenido de carbono
- 0,02 %

Acero bajo en carbono

Alambre

Clavos

Lámina de hierro galvanizado

Hojalata

- 0,25 Acero con un contenido medio de carbono

Materiales estructurales para coches, buques, puentes y otras estructuras

- 0,6 Acero rico en carbono

Sierras

Cuchillería

- 2,06 Hierro fundido

Materiales de hierro fundido
- 6,67

Para otros usos, se requiere acero con diferentes contenidos de carbono.

Otras aleaciones de hierro

Además del carbono, pequeñas cantidades de metales también proporcionan propiedades útiles al acero. Por ejemplo, al añadir cromo se produce una aleación resistente a la corrosión denominada acero inoxidable. Al añadir tungsteno, se consigue un acero de acción rápida, una aleación que se utiliza para fabricar utensilios afilados.

	0	10	80	90	100 %		
Acero de fácil mecanizado			Hierro			Fósforo	Tornillos
					Manganeso — Azufre		Resortes de láminas
Acero para resortes					Carbono		
					Silicio		Resortes en espiral
Acero con silicio					Silicio		Material eléctrico
					Manganeso — Carbono		
Acero con níquel y cromo					Silicio		Coches, barcos
					Níquel — Cromo		
Acero rico en manganeso			Manganeso		Carbono		Dientes de trituradora
Acero inoxidable			Cromo				Cuchillos
					Carbono — Vanadio		
Acero rápido			Tungsteno		Cobalto		Máquina de cuchillas
				Cromo			

¿Cómo se refinan el cobre y el aluminio?

En el proceso de refinado industrial del cobre y del aluminio se utiliza la electrólisis para separar los metales de los otros elementos. En el caso del aluminio, el procedimiento se inicia con el óxido de aluminio o alúmina. El mineral se coloca en una cuba con una solución conductora de la corriente eléctrica y dos electrodos. Una placa de carbono actúa como uno de los electrodos, y el fondo del tanque, como el otro. Bajo una corriente eléctrica, el aluminio se reduce, se funde y se deposita en el fondo de la cuba. Al mismo tiempo, el oxígeno de la alúmina se enlaza con el carbono del electrodo y burbujea al exterior como dióxido de carbono.

El refinado del cobre comienza con el mineral, que es reducido en un alto horno hasta producir metal casi puro. Un bloque de cobre con impurezas se utiliza como un electrodo en la cuba electrolítica, mientras que una placa de cobre puro se encuentra en el otro electrodo. Cuando la corriente cambia de sentido, el cobre del electrodo impuro se reduce y se desplaza hacia el electrodo puro, eliminando las impurezas.

Cobre en bruto

El mineral de cobre —una mezcla de óxidos, sulfuros o carbonatos de cobre *(abajo)*— es refinado en un alto horno a cobre crudo con impurezas, y luego es tratado por electrólisis.

Mineral de cobre

Un circuito de refinado del cobre

Cuando los iones cobre se desplazan bajo una corriente eléctrica, el electrodo de cobre impuro *(abajo, derecha)* se desintegra, y el electrodo de cobre puro se engrosa.

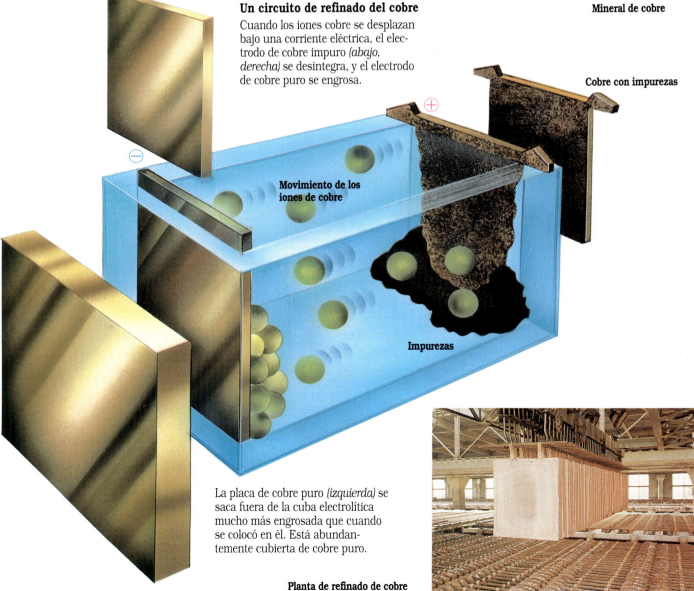

Cobre con impurezas

Movimiento de los iones de cobre

Impurezas

La placa de cobre puro *(izquierda)* se saca fuera de la cuba electrolítica mucho más engrosada que cuando se colocó en él. Está abundantemente cubierta de cobre puro.

Planta de refinado de cobre

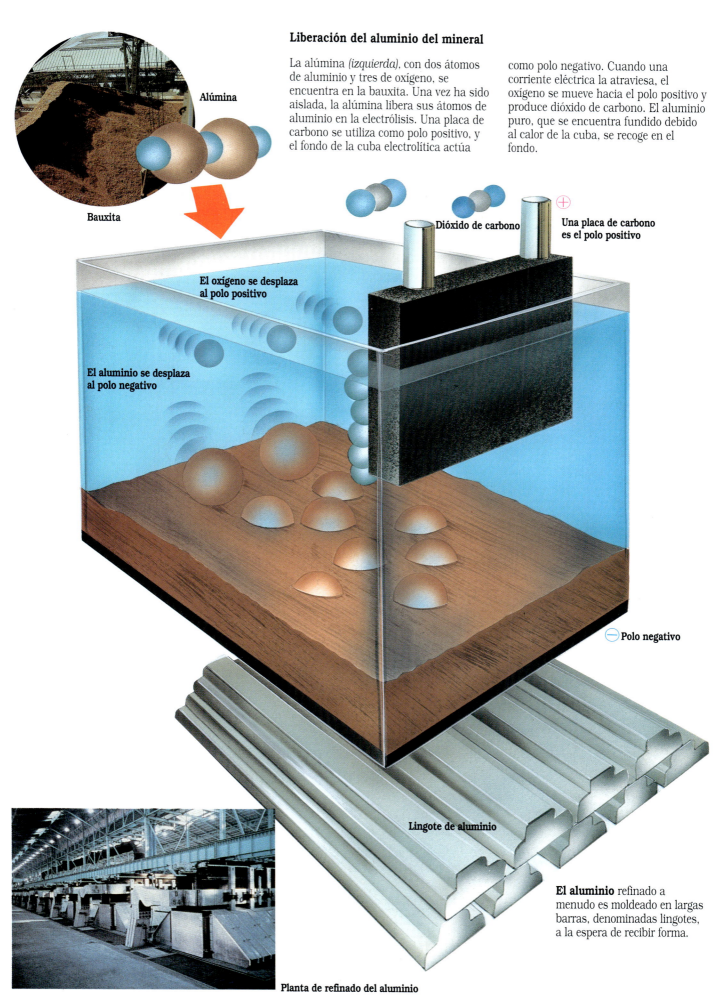

Liberación del aluminio del mineral

La alúmina *(izquierda)*, con dos átomos de aluminio y tres de oxígeno, se encuentra en la bauxita. Una vez ha sido aislada, la alúmina libera sus átomos de aluminio en la electrólisis. Una placa de carbono se utiliza como polo positivo, y el fondo de la cuba electrolítica actúa como polo negativo. Cuando una corriente eléctrica la atraviesa, el oxígeno se mueve hacia el polo positivo y produce dióxido de carbono. El aluminio puro, que se encuentra fundido debido al calor de la cuba, se recoge en el fondo.

Alúmina

Bauxita

El oxígeno se desplaza al polo positivo

El aluminio se desplaza al polo negativo

Dióxido de carbono

Una placa de carbono es el polo positivo

⊖ Polo negativo

Lingote de aluminio

El aluminio refinado a menudo es moldeado en largas barras, denominadas lingotes, a la espera de recibir forma.

Planta de refinado del aluminio

¿Cómo se transforma el petróleo en gasolina?

El petróleo crudo que se bombea del suelo contiene varios tipos diferentes de moléculas hidrocarbonadas, cada una con sus propiedades químicas y usos comerciales. Algunas de las moléculas más pequeñas son convertidas en gasolina, y las más grandes, en combustible para calefacción. Pero primero se han de separar los componentes, también llamados fracciones.

Las refinerías usan una técnica de separación conocida como destilación fraccionada, la cual se vale del hecho de que las fracciones se condensan a diferentes temperaturas. El proceso empieza cuando el petróleo crudo es calentado (abajo) a 400 °C, una temperatura suficientemente alta como para vaporizar aproximadamente la mitad del petróleo. El vapor sube a través de una alta estructura de múltiples niveles denominada torre de fraccionamiento (derecha), enfriándolo mientras asciende. Cuando cada fracción alcanza la temperatura a la que se condensa, gotea en un colector que lo vierte al exterior (perfil azul). El vapor que queda continúa ascendiendo y condensándose de manera escalonada. El residuo que no se vaporiza en el primer calentamiento se denomina aceite pesado y se utiliza para fabricar asfalto y fuel pesado.

Posteriormente, las fracciones pueden ser refinadas. Mediante calor y presión, este procedimiento puede romper las largas y pesadas moléculas en otras menores, incrementando el rendimiento de la gasolina respecto al petróleo crudo. Las alteraciones en la estructura de las moléculas, sin romperlas, pueden producir gasolina de alto grado.

Proceso de refinado

Un horno de calentamiento inicia la destilación por vaporización del petróleo crudo volátil, el cual es una mezcla de diversos componentes, cada uno de ellos con sus propiedades.

Cápsulas en forma de hongo se extienden a través de las campanas de borboteo. Cuando el vapor asciende, las levanta y fluye al nivel superior.

La torre de fraccionamiento recoge los diferentes componentes que se van condensando a medida que el vapor asciende y se enfría.

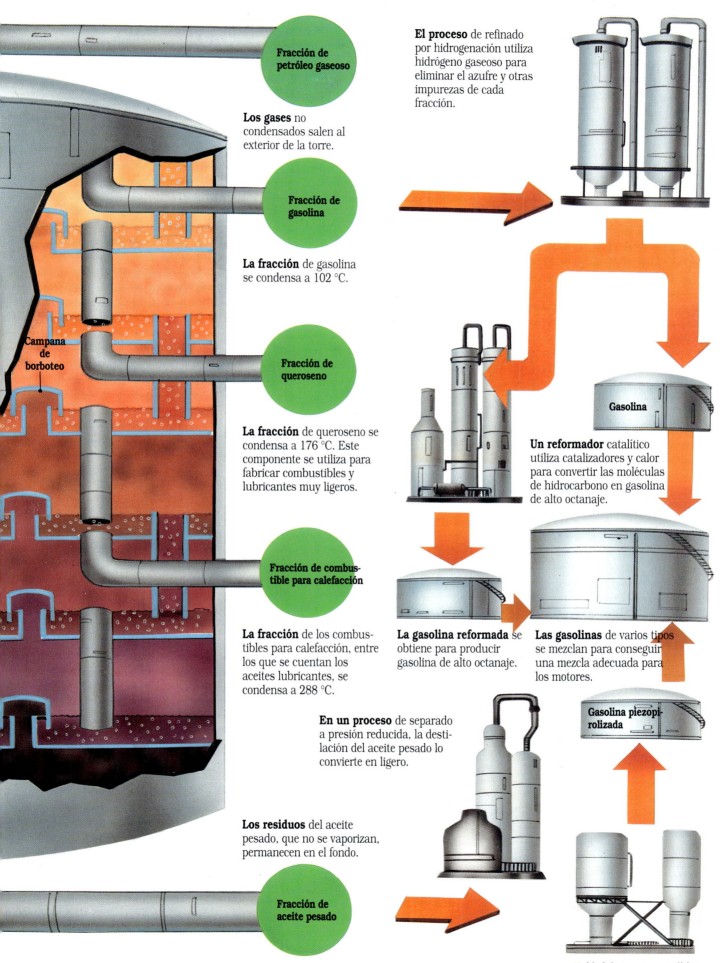

Fracción de petróleo gaseoso

Los gases no condensados salen al exterior de la torre.

Fracción de gasolina

La fracción de gasolina se condensa a 102 °C.

Campana de borboteo

Fracción de queroseno

La fracción de queroseno se condensa a 176 °C. Este componente se utiliza para fabricar combustibles y lubricantes muy ligeros.

Fracción de combustible para calefacción

La fracción de los combustibles para calefacción, entre los que se cuentan los aceites lubricantes, se condensa a 288 °C.

Los residuos del aceite pesado, que no se vaporizan, permanecen en el fondo.

Fracción de aceite pesado

El proceso de refinado por hidrogenación utiliza hidrógeno gaseoso para eliminar el azufre y otras impurezas de cada fracción.

Gasolina

Un reformador catalítico utiliza catalizadores y calor para convertir las moléculas de hidrocarbono en gasolina de alto octanaje.

La gasolina reformada se obtiene para producir gasolina de alto octanaje.

Las gasolinas de varios tipos se mezclan para conseguir una mezcla adecuada para los motores.

En un proceso de separado a presión reducida, la destilación del aceite pesado lo convierte en ligero.

Gasolina piezopirolizada

Unidad de craqueo catalítico

117

¿Qué son los plásticos?

Al igual que las fibras sintéticas, los plásticos están formados por polímeros. Pero estos polímeros —llamados resinas— se pueden fundir y moldear en las formas deseadas. Varias resinas son apropiadas para este proceso, permitiendo a los fabricantes producir plásticos con un amplio abanico de propiedades.

Los ingenieros identifican dos clases de plásticos. Los del primer tipo, conocidos como resinas termoplásticas, son muy duros pero se vuelven flexibles con el calor. Estos plásticos, como el politeno y la mayoría de poliésteres, reciben su forma mediante una técnica llamada moldeo por inyección. En este proceso, una máquina funde pequeños fragmentos de la resina deseada y vierte el producto fundido en un molde.

Los otros plásticos son las resinas termoestables. Una vez calentadas por encima de cierta temperatura, su estructura molecular cambia y estas resinas se vuelven muy duras. Después de esta transformación permanecen inalterables al calor. El proceso para moldear estos plásticos, llamado moldeo por compresión, implica rellenar un molde con resina pulverizada y calentarla hasta que se endurezca.

Métodos de moldeado de plásticos

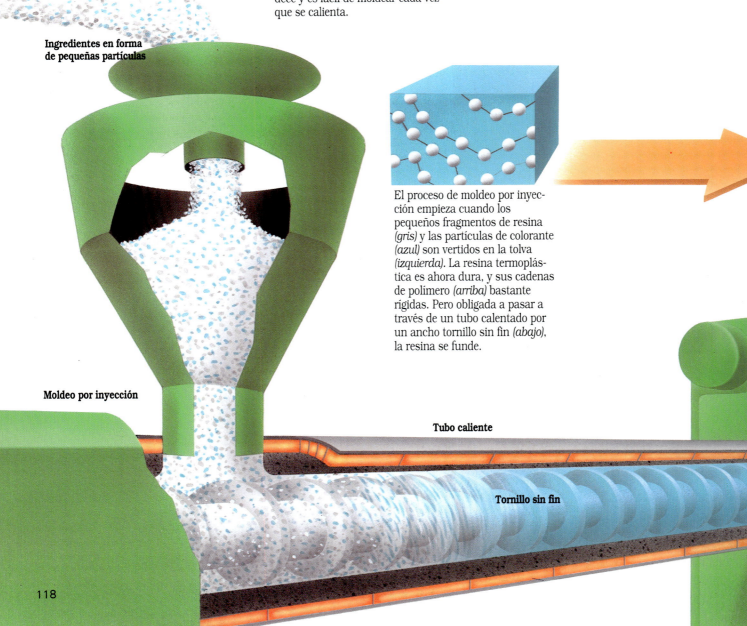

Resinas termoplásticas
Rígidas a temperatura ambiente, una resina termoplástica se reblandece y es fácil de moldear cada vez que se calienta.

Ingredientes en forma de pequeñas partículas

El proceso de moldeo por inyección empieza cuando los pequeños fragmentos de resina *(gris)* y las partículas de colorante *(azul)* son vertidos en la tolva *(izquierda)*. La resina termoplástica es ahora dura, y sus cadenas de polímero *(arriba)* bastante rígidas. Pero obligada a pasar a través de un tubo calentado por un ancho tornillo sin fin *(abajo)*, la resina se funde.

Moldeo por inyección

Tubo caliente

Tornillo sin fin

Moldeo por compresión

Ingredientes en forma pulverizada

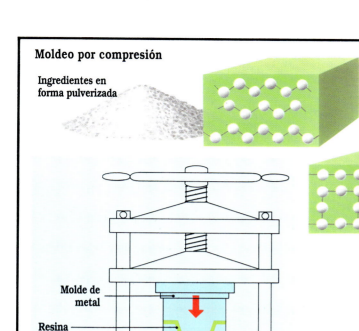

Los polímeros de las resinas termoestables se parecen a los de las resinas termoplásticas, pero sus cadenas son más cortas.

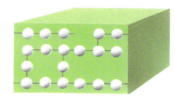

Cuando se calientan bajo alta presión, las cadenas del polímero se entrecruzan, formando enlaces en una compleja red molecular.

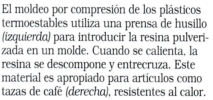

Una vez se ha formado, la red del polímero no varía aunque se vuelva a calentar.

Molde de metal

Resina

Molde de metal

El moldeo por compresión de los plásticos termoestables utiliza una prensa de husillo *(izquierda)* para introducir la resina pulverizada en un molde. Cuando se calienta, la resina se descompone y entrecruza. Este material es apropiado para artículos como tazas de café *(derecha)*, resistentes al calor.

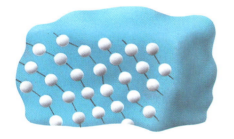

La resina fundida es inyectada en un molde *(abajo)*. El calor hace que las cadenas del polímero *(arriba)* pierdan su rigidez y se deslicen una sobre otra.

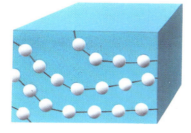

Una vez es moldeada en la forma deseada *(abajo)* y enfriada, los polímeros vuelven a adquirir una configuración rígida *(arriba)* y el plástico se solidifica.

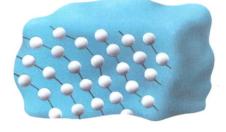

Al ser calentada de nuevo, una resina termoplástica vuelve a su estado fluido *(arriba)*. Siempre que es calentado de nuevo, el objeto moldeado *(abajo)* se funde y se hace flexible.

Molde de metal

Los productos termoplásticos, como el cubo de la basura de arriba, pierden su forma si se calientan.

La máquina de moldeo por inyección funde la resina y el colorante juntos, a continuación un tornillo sin fin introduce el material fundido en un molde. El producto —en este caso, un cubo de la basura— recibe la forma después de enfriado y endurecido.

¿Cómo se fabrica el hormigón armado?

El hormigón está formado por tres ingredientes. El primero es el cemento, un fino polvo compuesto por varios minerales. El segundo, el agregado, una mezcla de partículas que varían de tamaño, desde la grava a la arena. El tercero, el agua, esencial para que el hormigón cuaje.

Cuando se añade el agua a los dos primeros ingredientes, ésta reacciona químicamente con los minerales del cemento, formando un compuesto muy adhesivo que rodea y une las partículas del agregado. Al cabo de unas horas, esta pasta se endurece y se convierte en un material similar a la piedra en un proceso llamado fraguado o endurecimiento. El agua no se evapora del cemento; al contrario, pasa a formar parte del nuevo compuesto. En otras palabras, el cemento no se seca, se endurece. El resultado es un fuerte material sólido que se utiliza en edificios, puentes, carreteras y en muchísimas otras estructuras.

Conexión del hormigón con el agua

Cuando el agua se mezcla con el cemento, la hidratación provoca que las moléculas de agua transformen las partículas de cemento en un nuevo compuesto adhesivo. El cemento hidratado rodea las partículas del agregado (*abajo, tercer recuadro desde la izquierda*) y se endurece. Para conseguir la máxima solidez, el cemento hidratado debe llenar los espacios (*abajo, derecha*).

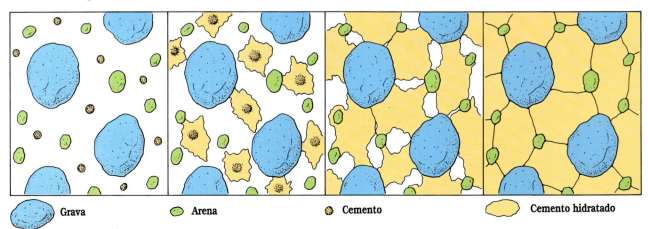

| Grava | Arena | Cemento | Cemento hidratado |

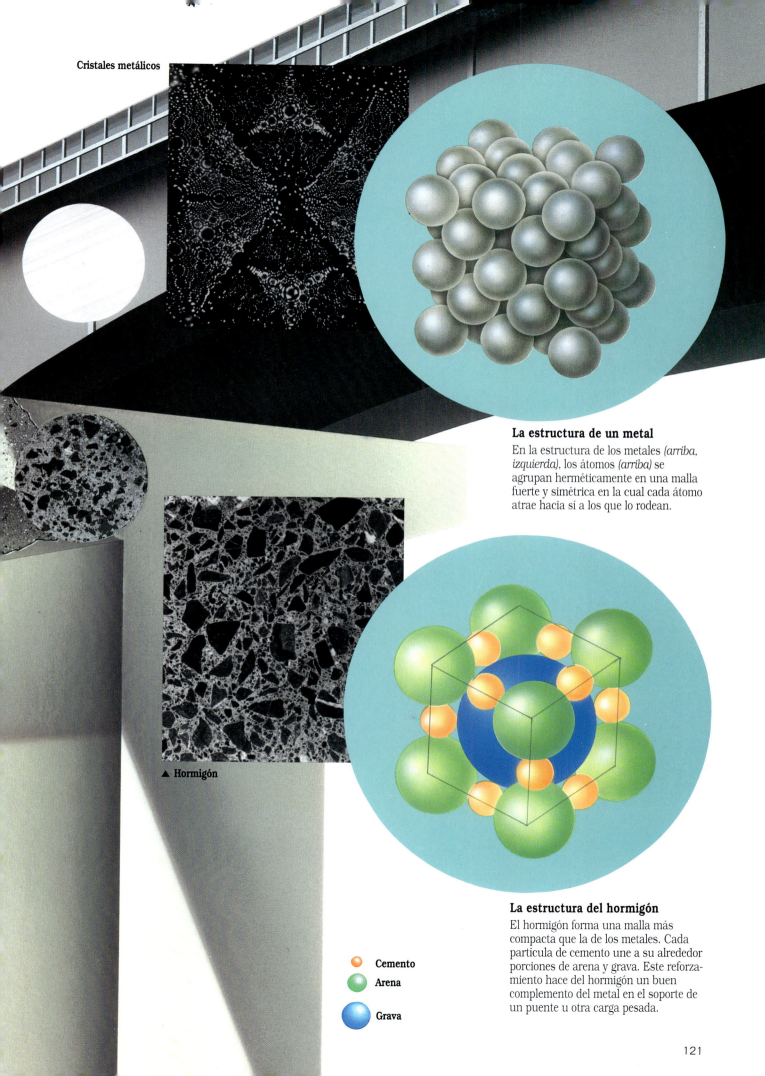

Cristales metálicos

▲ Hormigón

La estructura de un metal

En la estructura de los metales *(arriba, izquierda)*, los átomos *(arriba)* se agrupan herméticamente en una malla fuerte y simétrica en la cual cada átomo atrae hacia sí a los que lo rodean.

● Cemento
● Arena
● Grava

La estructura del hormigón

El hormigón forma una malla más compacta que la de los metales. Cada partícula de cemento une a su alrededor porciones de arena y grava. Este reforzamiento hace del hormigón un buen complemento del metal en el soporte de un puente u otra carga pesada.

¿Cómo se moldea un vidrio?

En su mayor parte, el vidrio está hecho de una mezcla de sosa, caliza y dióxido de silicio, el ingrediente principal de la arena. En la arena, el dióxido de silicio forma largas y regulares cadenas de átomos de silicio y de oxígeno. Estas cadenas pierden su cohesión cuando las materias primas se funden, pero rápidamente vuelven a enlazarse cuando se enfrían. Para fabricar vidrio, el material fundido se enfría rápidamente, a fin de que se produzca este realineamiento molecular. Sin embargo, las moléculas permanecen donde están, formando desorga-nizadas cadenas que ya no son líquidas, aunque tampoco están enlazadas en redes cristalinas características de los verdaderos sólidos.

Por lo general, el cristal es manufacturado en forma de láminas de vidrio, y utilizado para puertas y ventanas. Abajo se ilustra una de las técnicas para hacer este vidrio. En este proceso, el dióxido de silicio primero es fundido y mezclado con otros ingredientes. Después, la mezcla fluye hasta una cubeta y se hace pasar entre unos rollos que la presionan hasta convertirla en una fina lámina.

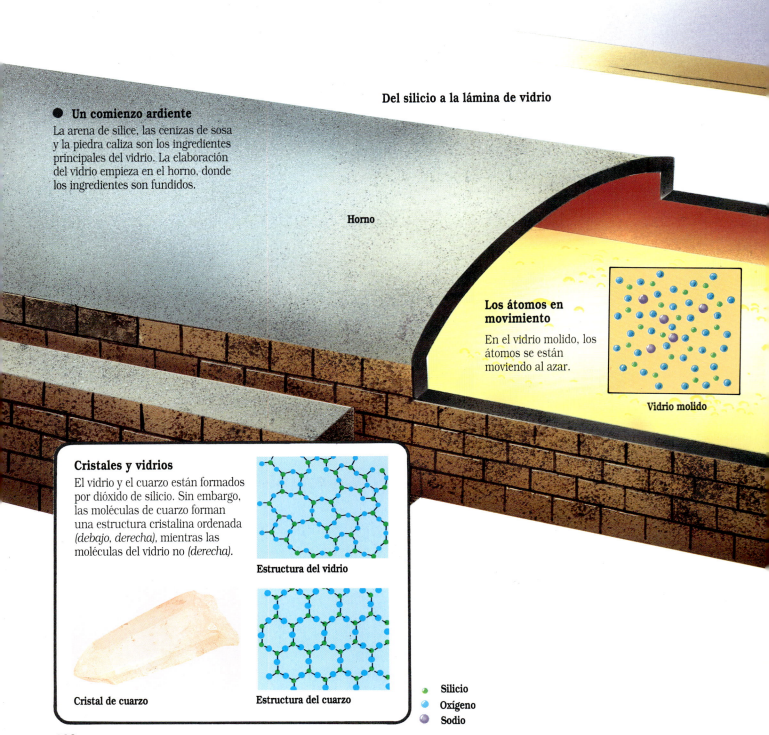

Del silicio a la lámina de vidrio

● **Un comienzo ardiente**

La arena de silice, las cenizas de sosa y la piedra caliza son los ingredientes principales del vidrio. La elaboración del vidrio empieza en el horno, donde los ingredientes son fundidos.

Horno

Los átomos en movimiento

En el vidrio molido, los átomos se están moviendo al azar.

Vidrio molido

Cristales y vidrios

El vidrio y el cuarzo están formados por dióxido de silicio. Sin embargo, las moléculas de cuarzo forman una estructura cristalina ordenada *(debajo, derecha)*, mientras las moléculas del vidrio no *(derecha)*.

Estructura del vidrio

Cristal de cuarzo

Estructura del cuarzo

● Silicio
● Oxígeno
● Sodio

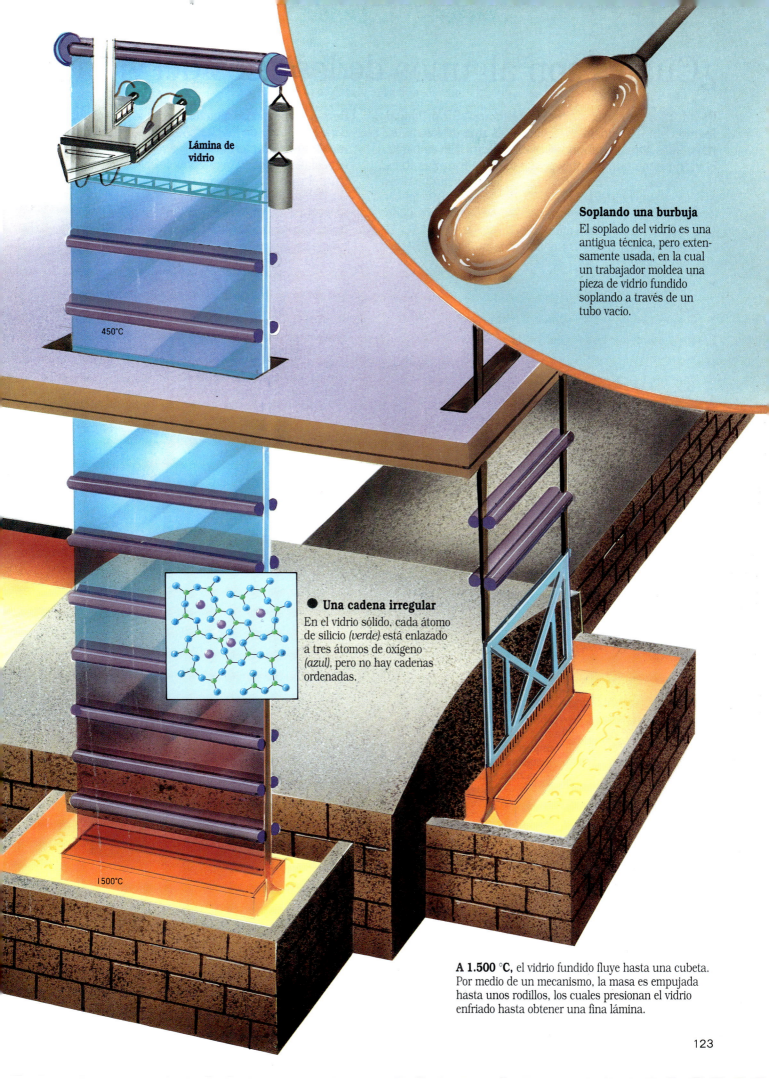

Lámina de vidrio

450°C

Soplando una burbuja

El soplado del vidrio es una antigua técnica, pero extensamente usada, en la cual un trabajador moldea una pieza de vidrio fundido soplando a través de un tubo vacío.

● **Una cadena irregular**

En el vidrio sólido, cada átomo de silicio *(verde)* está enlazado a tres átomos de oxígeno *(azul)*, pero no hay cadenas ordenadas.

1500°C

A 1.500 °C, el vidrio fundido fluye hasta una cubeta. Por medio de un mecanismo, la masa es empujada hasta unos rodillos, los cuales presionan el vidrio enfriado hasta obtener una fina lámina.

¿Cómo se fabrica un perfume?

Usados desde los tiempos más remotos de que se tiene registro, los perfumes son soluciones de olor agradable de productos químicos aromáticos. Para ser aromática, es decir, detectable por el olfato humano, una sustancia necesita cualidades especiales. Sus moléculas deben ser suficientemente ligeras para flotar en el aire y llegar hasta la nariz, y también solubles en agua para poder entrar en la glándula olfativa y en los receptores celulares en el cerebro. Extraer fragancias naturales, sin destruir su complejo químico característico, requiere una cuidadosa manipulación.

Los métodos más extendidos —como el usado para los pétalos de rosa y que se muestra aquí— son las extracciones por disolvente (abajo) y la destilación al vapor (derecha). En la extracción por disolvente, las flores son empapadas en un líquido que disuelve las moléculas aromáticas. Después, se filtran los sólidos, se evapora el disolvente y queda la esencia deseada. En la destilación al vapor, el vapor recoge la fragancia de las esencias de las flores en un condensador, donde el vapor se condensa en agua y se separa de la esencia.

Obtención de la esencia

La presión del vapor provoca que la fragancia de las esencias de los pétalos de las flores se vaporicen a temperaturas más bajas que su punto de ebullición. Esto permite que los técnicos extraigan las esencias sin deteriorarlas.

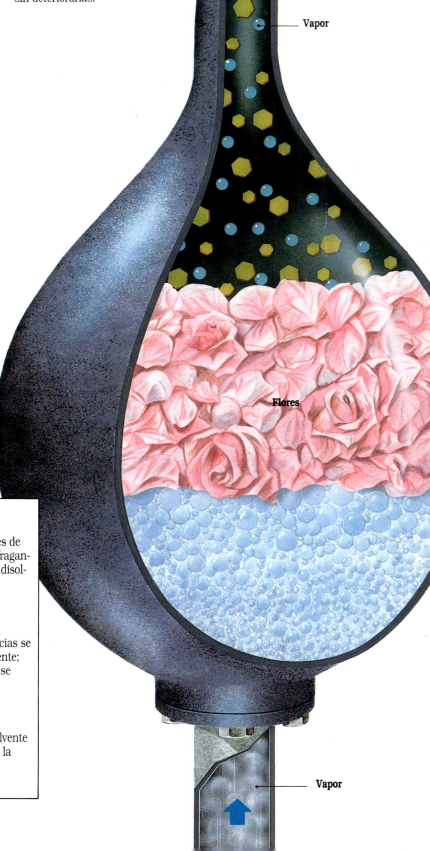

Sustancias fragantes

Vapor

Flores

Vapor

Extracción por disolvente

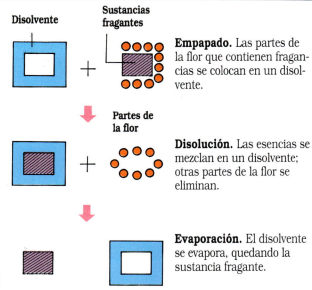

Disolvente

Sustancias fragantes

Empapado. Las partes de la flor que contienen fragancias se colocan en un disolvente.

Partes de la flor

Disolución. Las esencias se mezclan en un disolvente; otras partes de la flor se eliminan.

Evaporación. El disolvente se evapora, quedando la sustancia fragante.

Obtención de la fragancia

Cuando las moléculas fragantes se evaporan, se desplazan con el vapor a un condensador. Una vez allí, el vapor pasa otra vez a ser agua, y la fragancia vaporosa se convierte de nuevo en esencia.

Esencia y agua

Cuando la esencia y el agua se condensan, son recogidos en un recipiente y separados. El agua queda en el fondo y la esencia, más ligera, es recogida en la superficie.

Esencias fragantes

Agua

Alcohol

Sustancias fragantes

Acabado del producto

Las esencias se combinan para producir la fragancia deseada, y después se disuelven en alcohol. Cuando el alcohol (triángulos) se evapora, se lleva consigo la fragancia.

6
Explorando nuevos materiales

Desde que el primer alfarero transformó el barro en cerámica endurecida, hace unos 10.000 años, la gente ha estado buscando cómo transformar las materias naturales en nuevas sustancias. En la última década del siglo XIX, los científicos produjeron los primeros componentes orgánicos sintéticos, pero desde mediados del siglo XX han producido verdaderos materiales revolucionarios fabricados a medida para cubrir necesidades industriales o técnicas específicas.

Detrás de estos avances está la nueva ciencia de materiales. Los científicos, ayudados por la tecnología de los microscopios electrónicos así como por técnicas de procesamiento especializadas, han aprendido a alterar la estructura atómica de los materiales, y por lo tanto de sus características: la dureza, la elasticidad o la resistencia al calor. La investigación ha producido una amplia gama de materiales sintéticos que han transformado la vida moderna. Dura y resistente al desgaste, la cerámica sirve para una implantación ósea artificial o para una cuchilla que corta el acero, mientras millones de moléculas de cristal líquido forman las imágenes en color en las pantallas de televisión de bolsillo. En la industria del automóvil, las piezas duras y ligeras elaboradas con plásticos reforzados con fibra de carbono hacen los vehículos más ligeros, y por lo tanto funcionan con menos carburante.

Estos son sólo unos cuantos ejemplos de las aplicaciones más comunes de los materiales más avanzados. Los químicos que trabajan con la estructura de la materia constantemente están desarrollando nuevos materiales. Este capítulo examinará algunos de los materiales más avanzados que se usan corrientemente.

Entre las maravillas de los materiales avanzados hoy en día están las aleaciones de forma memorizada, es decir, sólidos metálicos que "recuerdan" su forma original. A la derecha, un alambre enrollado con memoria de forma *(arriba)* vuelve gradualmente a su forma original *(abajo)* cuando se calienta.

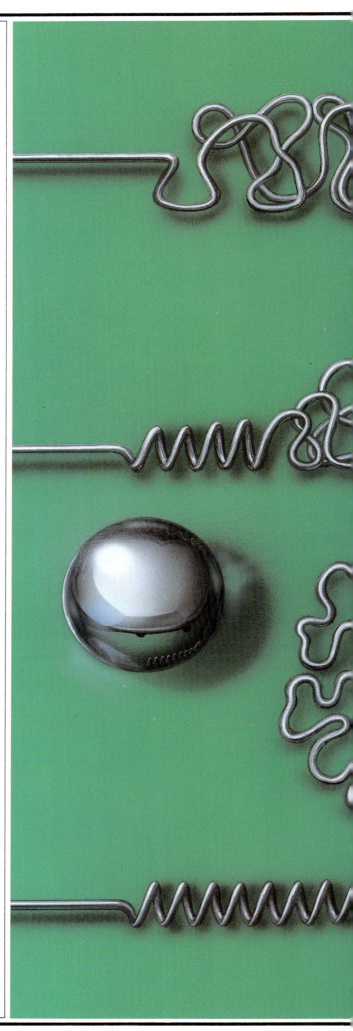

¿Cómo se fabrican los diamantes sintéticos?

Los diamantes —la sustancia natural más dura de la Tierra— son apreciados por su destello brillante. No obstante, son duros, resistentes a la corrosión y también tienen resistencia eléctrica, entre otras propiedades. Estas características propician el uso del diamante en el campo industrial. En los motores, en los reactores nucleares y en las máquinas perforadoras —tanto en el espacio como en el océano— los diamantes trabajan bajo duras condiciones, en las que los materiales menos estables se deterioran rápidamente.

Los diamantes se formaron hace mucho tiempo, cuando depósitos de carbono a altas temperaturas y fuertes presiones plegaron el manto del planeta. Su extracción es difícil y costosa. No es de extrañar, por tanto, que la demanda siempre haya sido superior a la oferta. Pero en los años cincuenta, los científicos reprodujeron en un laboratorio las condiciones de presión y temperatura del interior de la Tierra para obtener el primer diamante sintético.

En la actualidad, los fabricantes de diamantes tienen dos maneras de aplicar las altas temperaturas y presiones que se necesitan para convertir la estructura molecular bidimensional del grafito —una forma del carbono— en la estructura cristalina densa y tridimensional del diamante. La síntesis dinámica utiliza la energía de una explosión para llevar a cabo una transformación instantánea. La síntesis estática, con una alta presión sostenida *(abajo, a la izquierda)*, trabaja más lentamente.

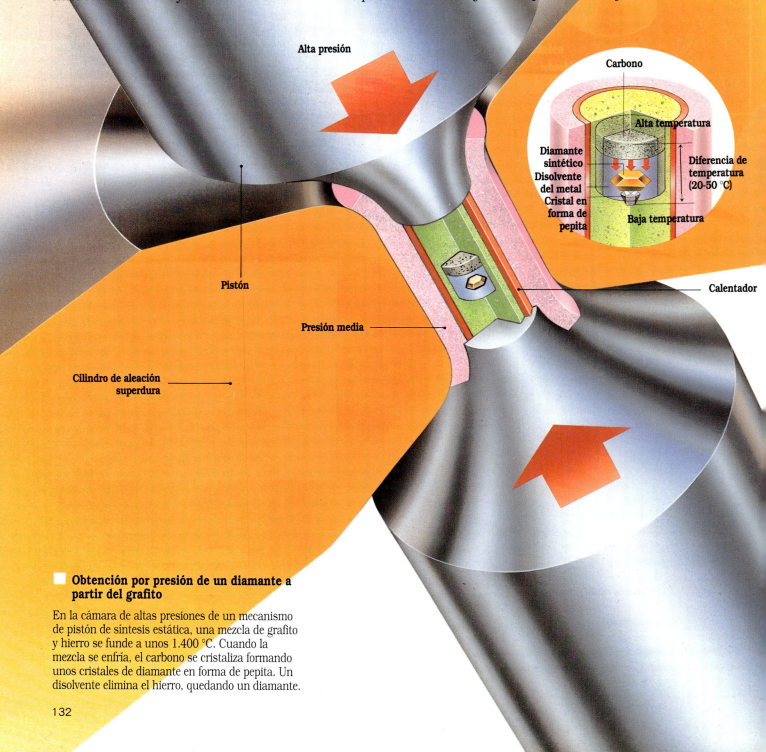

Alta presión

Carbono

Alta temperatura

Diamante sintético
Disolvente del metal
Cristal en forma de pepita

Diferencia de temperatura (20-50 °C)

Baja temperatura

Pistón

Calentador

Presión media

Cilindro de aleación superdura

■ **Obtención por presión de un diamante a partir del grafito**

En la cámara de altas presiones de un mecanismo de pistón de síntesis estática, una mezcla de grafito y hierro se funde a unos 1.400 °C. Cuando la mezcla se enfría, el carbono se cristaliza formando unos cristales de diamante en forma de pepita. Un disolvente elimina el hierro, quedando un diamante.

Un trabajo para los diamantes

Los diamantes sintéticos se usan en las plataformas de perforación de la costa, como ésta que penetra a través de kilómetros el lecho de roca. Aunque son pequeños, los diamantes sintéticos *(extremo derecho)*, con sus cristales cúbicos, tienen muchos filos cortantes, y su dureza les permite taladrar una roca hasta entonces impenetrable con otros materiales.

Con sus dientes de diamante sintético, esta barrena para prospecciones petrolíferas taladra a través del lecho de roca por debajo del mar.

La línea del diamante

Una línea de transición *(roja)* nos muestra las condiciones para producir los diamantes sintéticos. Primero, el grafito *(área azul)* es calentado por encima de 1.400 °C a alta presión. Un ligero descenso de la temperatura *(línea vertical)* mientras se mantiene la presión sitúa al grafito por encima de la línea de transición, convirtiéndolo en diamante *(rosa)*.

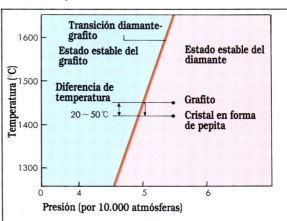

La Tierra, una fábrica de diamantes

Los diamantes naturales se formaron hace cien millones de años en el manto terrestre, una región de alta temperatura y alta presión por debajo de la corteza terrestre. Las erupciones volcánicas esparcieron los diamantes desde las rocas circundantes llamadas kimberlitas, hacia el interior de la corteza superior.

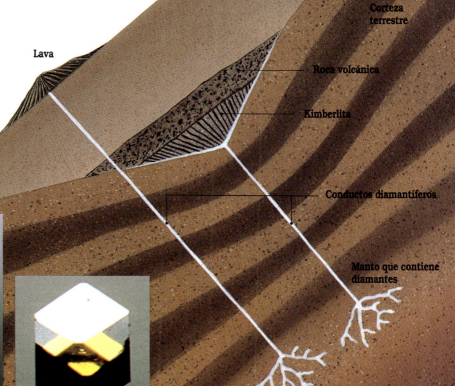

Corteza terrestre

Lava

Roca volcánica

Kimberlita

Conductos diamantíferos

Manto que contiene diamantes

▲ **Diamantes naturales**

▲ **Diamantes sintéticos**

¿Cómo se obtiene el silicio de los microprocesadores?

Hoy en día, toda la industria electrónica está basada en el circuito integrado: una pequeña lámina de silicio impresa con más de un millón de conmutadores electrónicos microscópicos controlada por la corriente eléctrica. Debido a que la estructura cristalina del silicio es adecuada para adoptar una formación casi infinita de vías de acceso eléctricas, se ha convertido en un recurso eléctrico vital.

Sin embargo, sólo el silicio más puro puede servir para este propósito. El silicio natural está formado por cristales orientados diferentemente, agrupados en gránulos policristalinos. Donde se encuentran estos gránulos, forman unos límites irregulares que pueden interrumpir el flujo eléctrico. Para solucionar este problema, los científicos han ideado un método para producir monocristales de silicio, una sustancia con una estructura cristalina tan uniforme que aceptará cualquier modelo eléctrico que se le aplique.

Una receta para el silicio más puro

Arena o roca silícica

1 **El silicio** —el segundo elemento más abundante en la Tierra después del oxígeno— se encuentra en rocas silícicas *(arriba)* en forma de dióxido de silicio. Las rocas silícicas, entre las que se encuentran la arena y el cuarzo, representan la cuarta parte de la corteza terrestre.

Cristal de silicio

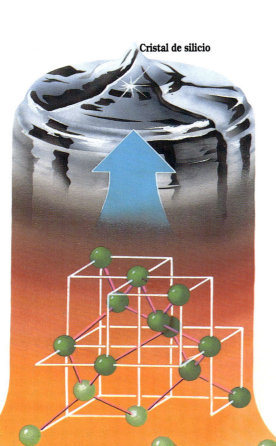

Átomos de silicio

Un monocristal de silicio *(arriba)* es un sólido que no tiene límites intercristalinos. Sus átomos están uniformemente enlazados por todas partes.

4 **Con el silicio fundido** a 2.058 °C, una pepita de un monocristal de silicio es colocada dentro de una caldera. Los átomos de silicio en el líquido se enlazan químicamente con la pepita en una estructura ordenada *(arriba)*. El resultado es un cristal de uno 15 centímetros de diámetro.

Silicio

2 **Para liberar** el silicio que se encuentra en el dióxido de silicio, se calienta el compuesto con carbono para eliminar el oxígeno.

Silicio policristalino

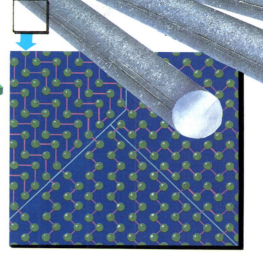

3 **La fusión del silicio** purificado *(izquierda)* permite que su estructura cristalina sea alterada. Al dejarlo enfriar, se desarrolla una estructura policristalina compartimentada *(derecha)* que interrumpe la corriente eléctrica.

La estructura atómica del silicio natural está enlazada por límites cristalinos irregulares.

Silicio monocristalino

Silicio fundido de alta pureza

La formación de un microprocesador

El cilindro monocristalino del silicio es cortado en delgadas láminas de 0,05 centímetros de espesor.

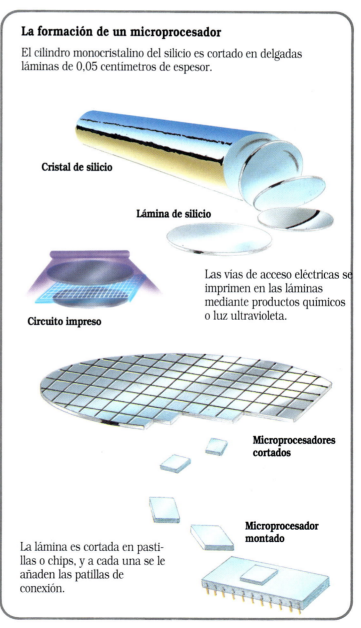

Cristal de silicio

Lámina de silicio

Circuito impreso

Las vías de acceso eléctricas se imprimen en las láminas mediante productos químicos o luz ultravioleta.

Microprocesadores cortados

Microprocesador montado

La lámina es cortada en pastillas o chips, y a cada una se le añaden las patillas de conexión.

¿Cómo funcionan los cristales líquidos?

Los cristales líquidos —las sustancias que forman los números en los relojes digitales— fluyen como líquidos pero actúan como sólidos. Los cristales están compuestos por moléculas en forma de varillas que, cuando son estimuladas con corriente eléctrica, alteran su orientación y o bien desvían la luz o sencillamente la dejan pasar.

Dentro de la pantalla de cristal líquido (LCD), como la de un reloj, hay filtros polarizados *(debajo)* que interceptan la luz. Los filtros están orientados en ángulos de 90°. Cuando la luz pasa por el primer polarizador, los cristales la desvían en *(abajo, a la izquierda)* un ángulo de 90°. Después, la luz atraviesa el segundo polarizador, choca con un espejo, y es enviada hacia el fondo brillante de la pantalla. Pero cuando se aplica corriente a las moléculas de cristal líquido *(abajo, a la derecha)*, se realinean y no desvían la luz. En las pantallas aparecen unas zonas oscuras formando números de acuerdo con las diferentes combinaciones de las zonas cargadas o no cargadas.

Puesto que una pantalla de cristal líquido refleja más luz que la que genera, usa muy poca electricidad.

Formación de números en la oscuridad

En el vidrio de la pantalla están grabados unos segmentos de dígitos transparentes *(abajo y a la derecha)* en una superficie conductora de electricidad. Cuando la corriente se aplica a un segmento *(derecha, al fondo)*, los cristales se alinean de tal manera que bloquean la luz.

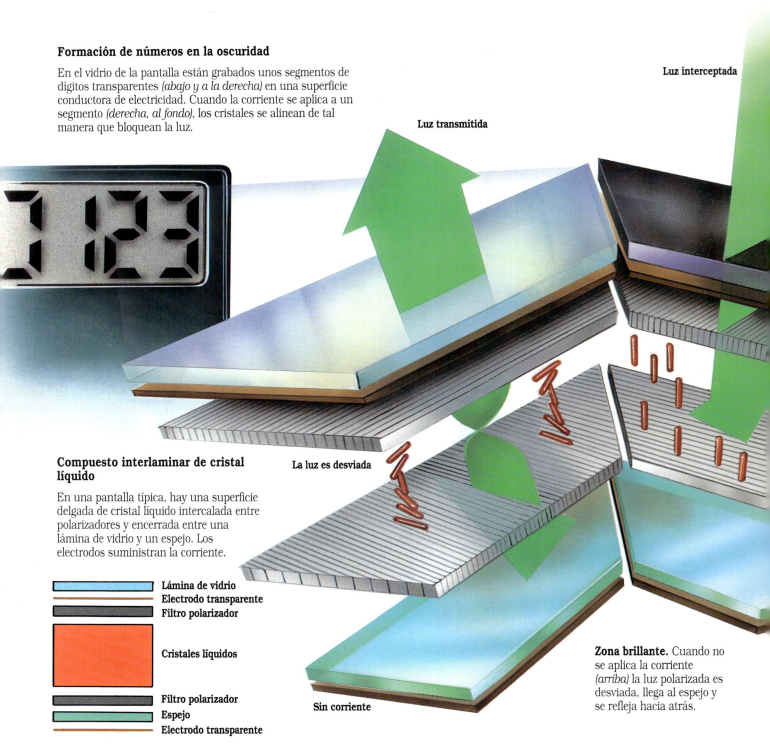

Luz interceptada

Luz transmitida

Compuesto interlaminar de cristal líquido

En una pantalla típica, hay una superficie delgada de cristal líquido intercalada entre polarizadores y encerrada entre una lámina de vidrio y un espejo. Los electrodos suministran la corriente.

La luz es desviada

Lámina de vidrio
Electrodo transparente
Filtro polarizador

Cristales líquidos

Filtro polarizador
Espejo
Electrodo transparente

Sin corriente

Zona brillante. Cuando no se aplica la corriente *(arriba)* la luz polarizada es desviada, llega al espejo y se refleja hacia atrás.

Configuración molecular

Los tres tipos de cristales líquidos son clasificados de acuerdo con sus alineamientos moleculares *(derecha)*. Los químicos explotan cada modelo dependiendo del uso del cristal líquido. Para las pantallas de cristal líquido se usan líquidos nemáticos o colestéricos.

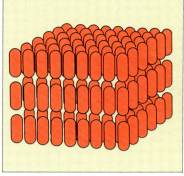

Los cristales esmécticos forman filas alineadas.

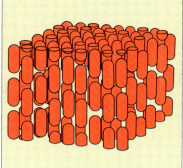

Los cristales nemáticos se agrupan en líneas paralelas alternadas.

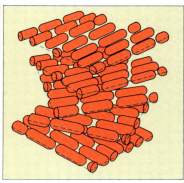

Los cristales colestéricos forman disposiciones que pivotan hacia el exterior.

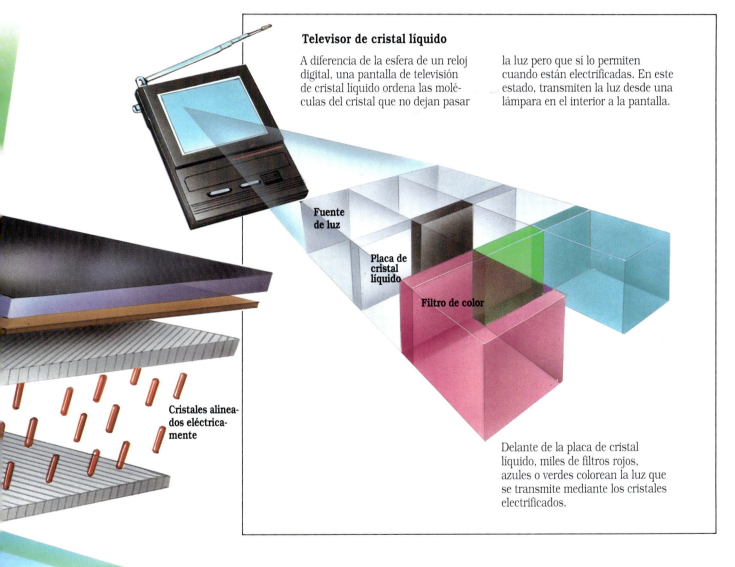

Televisor de cristal líquido

A diferencia de la esfera de un reloj digital, una pantalla de televisión de cristal líquido ordena las moléculas del cristal que no dejan pasar la luz pero que sí lo permiten cuando están electrificadas. En este estado, transmiten la luz desde una lámpara en el interior a la pantalla.

Fuente de luz

Placa de cristal líquido

Filtro de color

Cristales alineados eléctricamente

Delante de la placa de cristal líquido, miles de filtros rojos, azules o verdes colorean la luz que se transmite mediante los cristales electrificados.

Con corriente

Zona oscura. Cuando la tensión se aplica *(arriba)*, la luz viaja en línea recta a lo largo de los cristales reorientados y es interceptada por el segundo polarizador.

Moléculas calientes y frías

El reordenamiento molecular del cristal líquido cambia no sólo en respuesta a los impulsos eléctricos sino también a las variaciones de temperatura. Al usar compuestos que refractan la luz de diferentes colores *(derecha)* a diferentes temperaturas, los químicos han diseñado termómetros para usos médicos, industriales y domésticos.

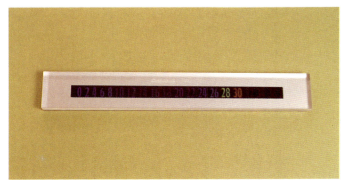

¿Cómo se utilizan las fibras de carbono?

La fibra de carbono es más fina que una hebra de algodón corriente pero es tres veces más resistente que el acero. Se fabrica por calentamiento de una hebra de un polímero orgánico, como el rayón o el alquitrán (materiales con moléculas grandes muy extensas, largas y entrelazadas), en hornos a una temperatura de unos 2.500 °C. Esto elimina átomos de otras sustancias, como el hidrógeno y el oxígeno, y permite que los átomos de carbono se enlacen entre sí en una complicada estructura cristalina. Las fibras resultantes son a la vez extremadamente duras y excepcionalmente elásticas.

Por sí solas, sin embargo, las fibras de carbono son difíciles de manipular. Para que ganen en dureza y faci-litar su moldeado, los fabricantes las combinan con una resina epóxido, una cola plástica que se endurece cuando se solidifica. Las fibras plastificadas se inyectan en un molde hueco, donde se dejan endurecer.

La mayor parte de las fibras de carbono se utilizan en compuestos plásticos para fabricar artículos deportivos, como raquetas de tenis, palos de golf y cañas de pescar, así como en cascos de barcos, coches de competición y componentes aeroespaciales. Desde que estos materiales pueden ser moldeados por inyección con formas precisas y complejas, son más baratos que los metales. Un compuesto también es más fuerte que un metal, que debe ser fundido, unido y soldado para obtener la misma forma.

Las versátiles fibras de carbono

Las ultrafinas fibras de carbono son tejidas en una tela dura y resistente al calor o combinadas con resinas epóxido para crear elementos estructurales resistentes que pueden ser usados en reactores, cohetes y coches de competición, también se usan en una gran variedad de artículos deportivos.

Más resistentes que el acero y el titanio y más flexibles que los metales o los plásticos reforzados, las fibras de carbono pueden resistir hasta 700 kilogramos de presión por milímetro cuadrado.

Cadenas de moléculas duras

Algunas fibras de los polímeros disponen de una estructura molecular que es como una malla pero que tiene algunos extremos sueltos *(izquierda)*. Las altas temperaturas eliminan algunos elementos, y los átomos se reordenan en una nueva red de resistentes hexágonos *(abajo, a la izquierda)* sin extremos libres.

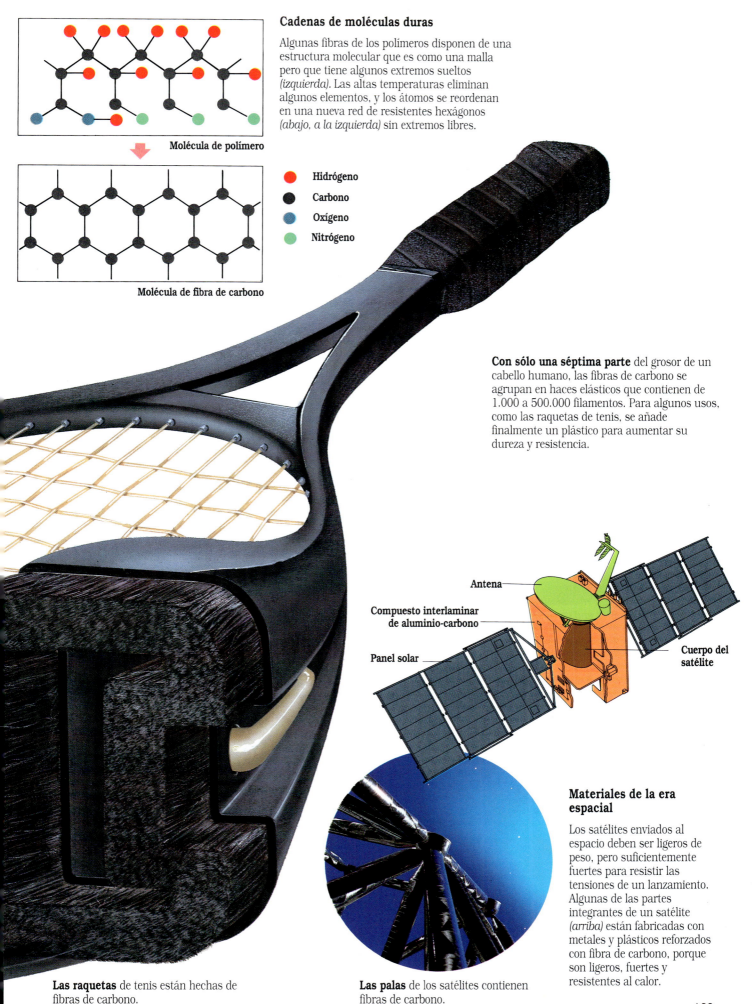

Molécula de polímero

Molécula de fibra de carbono

● Hidrógeno
● Carbono
● Oxígeno
● Nitrógeno

Con sólo una séptima parte del grosor de un cabello humano, las fibras de carbono se agrupan en haces elásticos que contienen de 1.000 a 500.000 filamentos. Para algunos usos, como las raquetas de tenis, se añade finalmente un plástico para aumentar su dureza y resistencia.

Antena

Compuesto interlaminar de aluminio-carbono

Panel solar

Cuerpo del satélite

Materiales de la era espacial

Los satélites enviados al espacio deben ser ligeros de peso, pero suficientemente fuertes para resistir las tensiones de un lanzamiento. Algunas de las partes integrantes de un satélite *(arriba)* están fabricadas con metales y plásticos reforzados con fibra de carbono, porque son ligeros, fuertes y resistentes al calor.

Las raquetas de tenis están hechas de fibras de carbono.

Las palas de los satélites contienen fibras de carbono.

¿Qué son los metales amorfos?

La palabra amorfo significa "sin forma". Un metal amorfo no tiene ninguna de las formas internas, estructuras cristalinas, conocidas en los metales ordinarios. En cambio, su organización atómica es uniforme y consistente. Los metalúrgicos desarrollaron metales amorfos en la década de los años sesenta al acelerar el enfriamiento de metales fundidos.

El metal fundido es una mezcla fluida de átomos enlazados al azar. Cuando el producto fundido se enfría lentamente, las estructuras cristalinas se desarrollan a medida que el material solidifica, formando una repetitiva red de células cristalinas muy organizada. Al enfriar muy rápidamente el metal fundido, los átomos se congelan en el lugar que ocupan, antes de que las fuerzas moleculares puedan organizar la red cristalina. Libre de espacios intergranulares y otros huecos en su estructura molecular, los metales amorfos son menos propensos a los golpes, cizallamientos y distorsiones magnéticas o eléctricas. Estas propiedades los hacen ideales para su utilización en cabezales magnéticos de grabación y también en aparatos eléctricos, como transformadores.

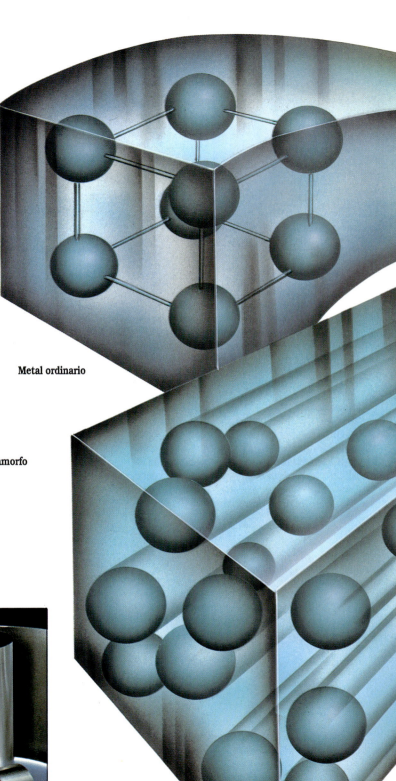

Metal ordinario

Metal amorfo

Las cintas brillantes de metal amorfo son suficientemente flexibles como para enrollarse, porque pueden elaborarse en láminas tan delgadas como el papel.

Una sustancia, dos productos

Los dos metales de abajo difieren sólo en cuán rápidamente han sido enfriados. Mientras que el enfriamiento lento produce un metal normal *(arriba)* con su red cristalina; un enfriamiento muy rápido da como resultado el metal amorfo *(debajo)*.

Metal fundido

Enfriamiento lento

Enfriamiento rápido

Una visión interna de un metal amorfo y uno ordinario

Una comparación del ordenamiento de los átomos de un metal amorfo y de uno ordinario *(abajo)* revela notables diferencias. La ordenación atómica, homogénea e ininterrumpida, de un metal amorfo explica su mayor flexibilidad.

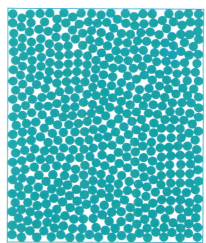

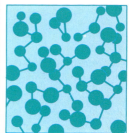

La microestructura de un metal amorfo *(abajo)* despliega una ordenación de los átomos en un modelo aleatorio sin fisuras.

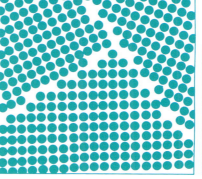

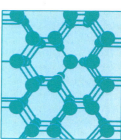

Un metal normal, visto a nivel molecular, exhibe una estructura cristalina *(abajo)* interrumpida por espacios intergranulares.

Tiras superenfriadas

Para impedir la formación de cristales, el metal fundido debe ser enfriado a 500.000 °C en un segundo. En uno de los procedimientos, el metal líquido pasa a través de rodillos superenfriados. Éstos enfrían muy rápidamente el metal, laminándolo en unas tiras tan delgadas como el papel de metal amorfo.

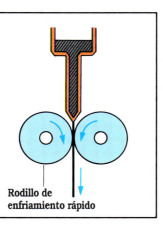

Rodillo de enfriamiento rápido

¿Qué es la resina fotosensible?

Algunas sustancias alteran su estructura química cuando se exponen a la luz. Una de ellas es la resina fotosensible, un material gelatinoso formado por micromoléculas similares a fragmentos sueltos de una cadena *(derecha)*. Bajo una luz ultravioleta, estas moléculas se unen en largas y entrelazadas macromoléculas denominadas polímeros *(abajo)*. Al enlazarse entre sí, los polímeros convierten la resina gelatinosa en un material duro.

Estas resinas se utilizan para fabricar planchas de impresión y modelos de circuitos para microprocesadores. En la impresión, el negativo de una película se coloca en una plancha de resina fotosensible y es iluminada con luz ultravioleta. La resina bajo las partes transparentes del negativo recibe luz y se endurece, mientras que las zonas oscuras se vuelven blandas. Estas zonas blandas son eliminadas permaneciendo las consistentes, que reflejan las imágenes del negativo.

Fabricación de moldes de resina

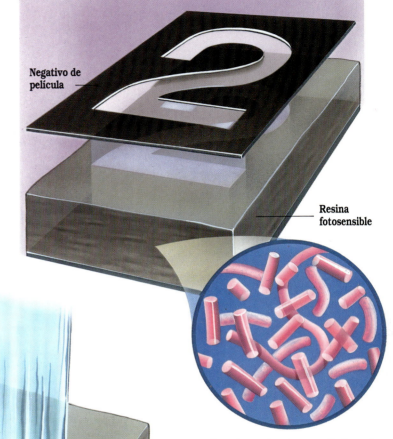

Luz ultravioleta

Negativo de película

Resina fotosensible

La microestructura suelta la resina protegida de la luz.

La microestructura fundida de la resina expuesta a la luz.

Formación de planchas mediante la luz

Dondequiera que la luz ultravioleta incide en un bloque semiblando de resina fotosensible *(arriba)*, las moléculas de la resina se unen en cadenas de polímeros *(izquierda)*, endureciendo el gel.

Las resinas fotosensibles son utilizadas para fabricar planchas de impresión con imágenes muy precisas.

Glosario

Ácido: Sustancia corrosiva que libera iones hidrógeno cuando se añade al agua. Por definición, todos los ácidos tienen un pH inferior a 7.

Álcali: Compuesto que captura los iones hidrógeno de los ácidos para formar sales iónicas. Por definición, todos los álcalis tienen un pH superior a 7.

Aleación: Compuesto, como el acero, de un metal mezclado con otros metales o no metales.

Aleación de forma memorizada: Aleación que al ser deformada bajo presión puede retornar a su forma original al aplicársele calor.

Almidón: Polímero formado por la unión química de numerosas moléculas de glucosa.

Alto horno: Horno grande y de elevada temperatura que se utiliza para fundir minerales metálicos.

Aminoácido: Molécula orgánica con una estructura química distintiva; algunos aminoácidos son los bloques constituyentes de una proteína.

Anión: Ion cargado negativamente.

Ánodo: Electrodo en un circuito eléctrico donde tiene lugar la oxidación.

Antimateria: Partículas de igual masa pero de carga opuesta a las correspondientes de materia. Por ejemplo, el antiprotón, cargado negativamente, es la antipartícula contrapuesta al protón, y el positrón, cargado positivamente, es la antipartícula del electrón.

Átomo: La parte más pequeña de un elemento que todavía presenta sus propiedades químicas. El átomo está formado por dos partes principales: un *núcleo* central que contiene los *protones*, cargados positivamente, y los *neutrones*, con carga neutra, y otra nube constituida por *electrones*, cargados negativamente, que están en órbita alrededor del núcleo.

Big Bang (Gran Explosión): Explosión que ocurrió hace unos 4.600 millones de años, y a partir de la cual empezaron a existir el espacio y la materia.

Calor de fusión: El calor que se necesita para cambiar una sustancia de sólido a líquido.

Cambio de fase: Transición de una sustancia de un estado (sólido, líquido o gas) a otro.

Capa de intercambio iónico: Membrana que sólo permite que la atraviesen ciertos iones.

Capa de ozono: Fina capa de ozono en la estratosfera que absorbe la nociva radiación ultravioleta procedente del Sol, evitando que ésta afecte a la Tierra.

Catalizador: Sustancia que provoca o incrementa la velocidad de una reacción química.

Catión: Ion cargado positivamente.

Cátodo: Electrodo en un circuito eléctrico donde tiene lugar la reducción.

Célula electroquímica: Mezcla de productos químicos que puede producir una corriente eléctrica cuando se conecta a un circuito; la corriente proviene de los electrones liberados cuando un producto químico en la célula se oxida y otro se reduce.

Cerámica: Sustancias que contienen arcilla y varios minerales que se endurecen cuando se funden bajo un calor intenso.

Ciclo del nitrógeno: Circulación natural del nitrógeno por los organismos vivos.

Circuito integrado: Lámina de silicio que contiene un gran número de circuitos electrónicos.

Coloide: Mezcla de dos sustancias en la que pequeñas partículas de una sustancia se encuentran dispersas, pero no disueltas, en la otra sustancia. El principal tipo de coloides son las *espumas*, que consisten en partículas gaseosas suspendidas en un sólido; las *emulsiones*, partículas líquidas suspendidas en otro líquido, y los *aerosoles*, que son partículas sólidas suspendidas en un gas.

Combustión: Reacción química rápida de oxígeno y otra sustancia, en la que se produce calor y luz.

Compuesto: Una sustancia formada por dos o más elementos enlazados entre sí.

Convertidor: Aparato que disminuye el contenido de carbono en los lingotes de hierro mediante exposición con el oxígeno, el cual reacciona con el carbono del hierro, produciendo monóxido de carbono.

Criógeno: Cualquier sustancia que reduce el punto de congelación del disolvente en el que se encuentra disuelta.

Cultivo: En biología, una población de microorganismos, como bacterias u hongos, que crecen en una sustancia nutritiva.

Datación por radiocarbono: Técnica para determinar la edad de un material antiguo por medio de medir la cantidad del isótopo carbono 14 que contiene.

Destilación fraccionada: Proceso para la separación de una mezcla de distintos líquidos que se basa en el hecho de que cada líquido, demoninado *fracción*, tiene un punto distinto de ebullición.

Destilación por vapor: Proceso en el que un compuesto es vaporizado por exposición al vapor; éste induce al compuesto a vaporizarse a una temperatura menor de la de su punto de ebullición.

Deuterio: Isótopo estable del hidrógeno que está formado por un protón y un neutrón en el núcleo, además de un electrón en su órbita.

Electrochapado: Proceso por el cual una corriente eléctrica es utilizada para depositar una delgada capa de metal puro sobre un objeto.

Electrólisis: Método por el cual se utiliza una corriente eléctrica para reducir el metal oxidado de un mineral.

Electrolitos: Compuestos, normalmente enlazados en forma iónica, que no conducen la electricidad cuando están en estado sólido, pero que lo hacen en estado líquido o en una solución.

Electromagnetismo: Fuerza de la naturaleza que engloba las interacciones de las sustancias magnéticas y de las cargadas eléctricamente.

Elemento: Sustancia compuesta por una sola clase de átomos. Hay tres tipos de elementos: *metales*, como el oro o la plata; *no metales*, como el oxígeno o el nitrógeno, y *metaloides*, como el silicio y el carbono.

Energía cinética: Medida de la energía de un objeto en movimiento; cuanto más rápido se mueve un objeto, mayor es su energía cinética.

Enlace: Conexión entre dos átomos. Los dos principales tipos de enlaces son los *iónicos*, en los que los electrones son transferidos de un átomo a otro, creando iones cargados en forma opuesta, y los *enlaces covalentes*, en los que los átomos comparten los electrones.

Equilibrio: En un proceso químico, punto en el que no hay cambio neto en el conjunto de la formación de materiales y productos.

Escoria: Material inútil formado en el proceso de refinado de un mineral metálico.

Extracción por disolvente: Procedimiento en el que un compuesto deseado es separado de una sustancia por immersión de la sustancia en un disolvente; éste disuelve el compuesto deseado y lo separa del resto de las sustancias.

Fermentación: Reacción en la que las bacterias convierten los azúcares de los alimentos en sus correspondientes ácidos o alcoholes.

Fibra de carbono: Filamentos formados cuando una fibra sintética, como el rayón, es endurecida en un horno muy caliente; el calor incrusta granos de carbono en la fibra, volviéndola muy resistente.

Fibra óptica: Filamento de vidrio a través del cual las señales se envían en forma de haces de luz. Una fibra óptica consiste en dos partes, ambas hechas de vidrio: una interna o *núcleo* y otra que la rodea, denominada *envoltura*.

Fibras sintéticas: Fibras formadas por polímeros que han sido estirados en largos hilos y enroscados entre ellos.

Fijación del nitrógeno: Conversión del nitrógeno atmosférico en compuestos nitrogenados que pueden utilizar los seres vivos.

Fisión nuclear: Proceso en el que un núcleo atómico se desintegra y libera energía.

Flotabilidad: Fuerza ascendente igual al peso de una sustancia, como el aire o el agua, desplazada por un objeto.

Fotón: Unidad de radiación electromagnética; tiene propiedades de las ondas y de las partículas.

Fuerza nuclear poderosa: Fuerza que enlaza los protones y neutrones entre sí en un núcleo atómico.

Fuerzas intermoleculares: Fuerza cohesiva que existe entre las moléculas de un compuesto; la intensidad de esta fuerza determina que cada compuesto exista como sólido, líquido o gas.

Fundición: Proceso en el que un mineral metálico es calentado con oxigeno u otro gas para aislar el metal puro.

Fusión nuclear: Proceso en el que dos núcleos atómicos se combinan para formar un átomo mayor, en el curso del cual se libera una gran cantidad de energía.

Galvanizar: Cubrir con una capa protectora de zinc por immersión en zinc fundido o por electrodeposición. Los metales como el hierro y el acero a menudo son galvanizados para protegerlos de la corrosión.

Hidrocarbono: Molécula que sólo contiene átomos de hidrógeno y de carbono.

Hidrofílico: Que tiene afinidad por el agua, es decir que tiende a disolverse en ella, a mezclarse con ella, o volverse húmedo con el agua.

Hormigón: Material de construcción formado por tres ingredientes: *cemento*, una mezcla de productos químicos como la alúmina, el silice, la cal, el óxido de hierro y el magnesio; *agregados*, una mezcla de arena y grava; y *agua*. El agua hace que el cemento forme una pasta y se una a las partículas del agregado para formar un sólido muy duro.

Ion: Átomo o molécula que ha ganado o perdido electrones y se encuentra eléctricamente cargado.

Isótopo: Átomo del mismo elemento que contienen un número distinto de neutrones en su núcleo.

Lingote de hierro: Hierro que tiene un contenido en carbono relativamente alto.

Longitud de onda: Distancia entre dos crestas consecutivas de una onda.

Lluvia ácida: Lluvia que contiene altas concentraciones de productos químicos capaces de formar ácidos como el dióxido de azufre.

Membrana semipermeable: Filtro con poros tan pequeños que sólo partículas del tamaño de una molécula pueden atravesarlo.

Metal amorfo: Un tipo de metal en el que los átomos no forman los cristales rígidos característicos de los metales convencionales.

Micelas: Estructuras esféricas formadas por agregaciones de moléculas que son polares en un extremo y no polares en el otro. Cuando se añaden al agua, estas moléculas forman micelas en las que los extremos no polares están dentro de la esfera con los extremos polares expuestos al agua.

Mineral: Compuesto en el que un metal se encuentra enlazado químicamente con otros metales o no metales.

Moldeado por compresión: Método para fabricar resinas termoestables en el que la resina es añadida a un molde, y después fundida a alta presión para adquirir la forma deseada.

Moldeado por inyección: Método para fabricar resinas termoplásticas en el que las resinas son fundidas, inyectadas en un molde y enfriadas.

Molécula: La menor unidad de un compuesto químico que todavía conserva las propiedades del compuesto.

Molécula inorgánica: Molécula que no contiene carbono.

Molécula orgánica: Molécula que contiene carbono.

Monómeros: Moléculas individuales que pueden combinarse en largas cadenas para fabricar polímeros.

Neutrinos: Partículas subatómicas que tienen poca o ninguna masa, carecen de carga y viajan a la velocidad de la luz.

Nivel de energía: Órbita en la que se encuentran los electrones que rodean un núcleo atómico. La órbita de menor nivel de energía para un electrón se denomina *estado fundamental*.

Número atómico: Es el número de protones que hay en el núcleo de un átomo.

Oxidación: Proceso por el que un átomo pierde electrones.

Ozono: Gas incoloro usado para desinfectar el agua. Una molécula de ozono está compuesta por tres átomos de oxígeno.

Partículas subatómicas: Partículas que se combinan para constituir los átomos. Algunos ejemplos son los quarks, que se combinan para crear protones y neutrones, y los electrones y los neutrinos. Hay más de cincuenta clases de partículas subatómicas.

Pasteurización: Proceso de calentamiento de los alimentos sólidos o líquidos, como la leche, para destruir las bacterias que causan enfermedades.

Peso atómico: Cantidad de masa por átomo de un elemento, medido en unidades de masa atómica; una estimación aproximada del peso atómico de un átomo puede conseguirse con la suma del número de protones y neutrones del núcleo.

Peso molecular: Promedio de masa por molécula de las formas de un elemento o compuesto, que existen en estado natural, medido en unidades de masa atómica; éste es igual a la suma de los pesos atómicos de todos los átomos que forman una molécula.

pH: Escala que cuantifica la acidez o alcalinidad de una sustancia; su extensión va de 0 (la más ácida) a 14 (la más alcalina).

Plasma: Estado de la materia en el que todos los electrones de sus átomos han sido eliminados.

Plástico: Material fabricado de polímeros especiales, denominados *resinas*, que han sido fundidas y moldeadas en la forma deseada.

Polaridad de una molécula: Condición en la cual algunas partes de una molécula pueden tener una carga parcial positiva, mientras que otras partes pueden tener una carga parcial negativa. Cuando las cargas están uniformemente distribuidas, la molécula se denomina no polar.

Polaridad de un enlace: Medida de cómo dos o más átomos con enlaces covalentes en una molécula comparten sus electrones. Si los electrones están desigualmente compartidos, el enlace se denomina polar.

Polarizador: Filtro a través del cual sólo pueden pasar las ondas luminosas con una orientación particular.

Polímero: Una extensa molécula formada por una larga cadena de pequeñas moléculas unidas químicamente por los extremos. Un *homopolímero* está constituido por una molécula repetida en una cadena; un *copolímero* está formado por dos moléculas diferentes repetidas en una cadena.

Positrón: Antipartícula de un electrón.

Potenciador del sabor: Sustancia que incrementa la sensibilidad de la lengua al gusto.

Proteína: Polímero formado por una cadena de aminoácidos químicamente unidos por los extremos; las proteínas forman la mayor parte de los tejidos del cuerpo humano.

Pulpa: Material fribroso formado por pequeños fragmentos de madera que han sido bañados en agua y en productos químicos; es la base para la fabricación del papel.

Punto de ebullición: A una presión dada, la temperatura a la cual una sustancia cambia de líquido a vapor; también, es la temperatura a la cual la presión de vapor de un líquido iguala la presión externa.

Punto de fusión: A una cierta presión, la temperatura a la cual una sustancia cambia de sólido a líquido.

Punto triple: Temperatura y presión a la cual las tres fases de una sustancia están en equilibrio.

Química: Ciencia que trata de la estructura y composición de la materia y de los cambios a los que está sometida.

Radiación ultravioleta: Tipo de radiación electromagnética con una longitud de onda menor que la luz visible.

Radiactividad: Reordenamientgo de un núcleo atómico que incrementa su estabilidad, liberando partículas de alta energía, o fotones, en el proceso.

Reacción en cadena: En química, proceso en el cual las partículas liberadas de un núcleo radiactivo en desintegración inducen a otro núcleo a desintegrarse, generando una cascada de átomos que se desintegran.

Reacción química: Proceso que implica un cambio en la composición de una o más sustancias.

Reacción redox: Reacción química en la cual uno de los reactivos sufre una oxidación, y el otro, una reducción; estas reacciones son la base de las células electroquímicas.

Reactor nuclear: Aparato que utiliza el calor liberado en la fisión nuclear para generar electricidad.

Red cristalina: Modelo tridimiensional ordenado y repetitivo de átomos o moléculas de un sólido.

Reducción: Proceso por el cual un átomo gana electrones.

Reducción directa: Etapa en el refinado de los óxidos de los metales en la que el carbono elimina el oxígeno del óxido, formando monóxido de carbono y obteniendo metal puro.

Reducción indirecta: Proceso en el refinado de un óxido de metal en el que el monóxido de carbono —formado por reducción directa— elimina el oxígeno de un óxido.

Resina de epóxido: Polímero que actúa como un fuerte adhesivo cuando se encuentra en estado sólido.

Resina fotosensitiva: Tipo de plástico blando que se endurece cuando se expone a la luz ultravioleta.

Resinas termoestables: Plásticos que, una vez formados, no cambian su forma por el calor.

Resinas termoplásticas: Plásticos que pierden su forma cuando son calentados.

Respiración: Proceso en el que una célula toma oxígeno para obtener energía y libera dióxido de carbono.

Sublimación: Proceso por el cual una sustancia cambia directamente de sólido a gas.

Tabla periódica: Cuadro que divide los elementos conocidos en grupos de acuerdo con su estructura atómica y sus propiedades químicas.

Temperatura: Medida indirecta de la velocidad media de vibración de las moléculas de una sustancia.

Tritio: Isótopo radiactivo del hidrógeno formado por un protón y dos neutrones en un núcleo que tiene en órbita un solo electrón.

Unidad de masa atómica: Unidad de masa que se utiliza para expresar la masa atómica relativa, que es igual a 1/12 de la masa de un átomo de carbono-12.

Vida media: Tiempo que necesita para desintegrarse la mitad de una sustancia radiactiva.

Vidrio: Material transparente fabricado de dióxido de silicio que ha sido fundido y enfriado en un proceso que evita que las moléculas formen una red cristalina ordenada.

Publicado por:
TIME LIFE, LATINOAMÉRICA

Vicepresidente Time Life Inc.: Trevor E. Lunn
Vicepresidente de marketing y operaciones: Fernando A. Pargas

Time-Life Warner España, S.A.
Directora general: Angela Reynolds
Adjunta a dirección: Jeanine Beck

Versión en español:
Dirección editorial: Joaquín Gasca
Producción: GSC Gestión, servicios y comunicación
  Barcelona (España)
Equipo editorial: Antón Gasca Gil, Jesús Villanueva Oria,
  Alejandro Recasens, Dolores Hernández
Traducción: Josep-Lluís Melero i Nogués, Joaquín Lacueva,
  Maite Melero Nogués, Misericòrdia Ramon Joanpere, Joana
  Maria Seguí Aznar, Teresa Riera Madurell, Mercè Rafols
  Seagues
Asesoramiento científico: Doctora Teresa Riera Madurell,
  licenciada en Matemáticas, doctora en Informática,
  vicerrectora asociada de la Universidad de las Islas Baleares
Doctor Santiago Alcoba Rueda, catedrático de Filología
  Española, Universidad Autónoma de Barcelona
Doctor Ángel Remacha, doctor en Medicina, Hospital de la
  Santa Cruz y San Pablo
Doctora Misericòrdia Ramon Joanpere, doctora en Biología,
  profesora de la Universidad de las Islas Baleares, decana de la
  Facultad de Ciencias
Josep-Lluís Melero i Nogués, biólogo, Zoológico de Barcelona
Joaquín Lacueva, biólogo, Zoológico de Barcelona

Time Life Inc. es una filial propiedad de THE TIME INC. BOOK
COMPANY

TIME-LIFE es una marca registrada de Time Warner Inc.
U.S.A.

Asesor científico: Doctor Theodore Perros, profesor de
  Química de la Universidad George Washington,
  Washington, D.C.
Andrew Pogan, profesor de Física y Química, Montgomery
  County, Maryland

Título original: *Structure of matter*
ISBN: 0–8094–9662–3 (Edición en inglés)
ISBN: 0–7835–3383–7 (Edición en español)

Impreso en Chile por Cochrane S. A.   93988 002

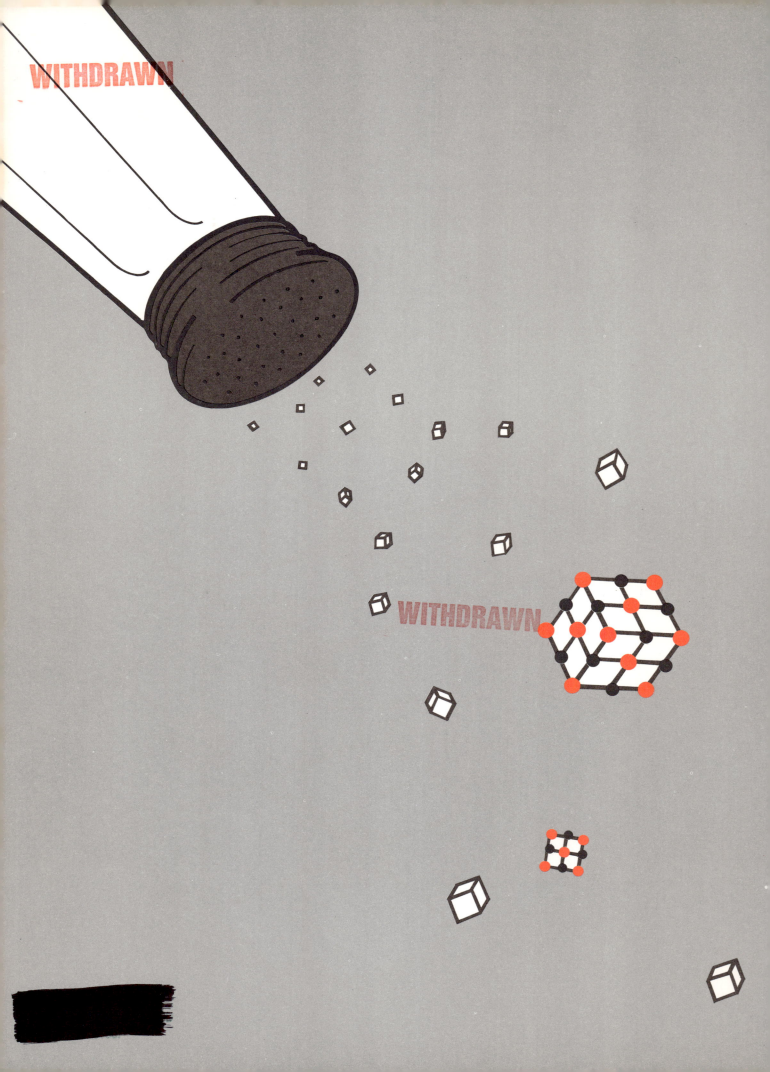